农民教育培训·人才振兴

现代高效生态循环

农业种养模式与技术

易建平　　弓晓峰　　周瑞岭 ◎ 主编

中国农业科学技术出版社

图书在版编目（CIP）数据

现代高效生态循环农业种养模式与技术／易建平，弓晓峰，周瑞岭主编 . —北京：中国农业科学技术出版社，2019.9（2023.8 重印）

ISBN 978-7-5116-4397-1

Ⅰ.①现… Ⅱ.①易… ②弓… ③周… Ⅲ.①生态农业-农业模式-研究 Ⅳ.①S-0

中国版本图书馆 CIP 数据核字（2019）第 195030 号

责任编辑	于建慧
责任校对	贾海霞

出 版 者	中国农业科学技术出版社
	北京市中关村南大街 12 号　邮编：100081
电　　话	（010）82109194（编辑室）　（010）82109702（发行部）
	（010）82109709（读者服务部）
传　　真	（010）82106650
网　　址	http://www.castp.cn
经 销 者	各地新华书店
印 刷 者	北京捷迅佳彩印刷有限公司
开　　本	880mm×1 230mm　1/32
印　　张	6
字　　数	160 千字
版　　次	2019 年 9 月第 1 版　2023 年 8 月第 2 次印刷
定　　价	35.00 元

《现代高效生态循环农业种养模式与技术》

编 委 会

前　言

　　生态循环农业是随着现代农业的发展逐步形成的新的农业，是中国现代农业的重要组成部分。研究生态循环农业，规划设计生态循环农业园，把循环经济、农业产业化等相关理论结合起来不断实践，并将其中的经验不断总结，推动农业大发展，是促进我国农业可持续发展，实现农业资源利用节约化、生产过程洁净化、产业链条生态化、废物循环资源化、产品消费绿色化的必然道路和现实选择。

　　本书主要讲述了现代高效循环农业发展现状与前景、现代高效生态循环农业模式、蔬菜生态栽培技术、果树生态栽培技术、农作物生态栽培技术、水产生态养殖技术、畜禽生态养殖技术等方面的内容。

　　由于编者水平所限，加之时间仓促，书中不尽如人意之处在所难免，恳切希望广大读者和同行不吝指正。

编　者

目　录

第一章 现代高效循环农业发展现状与前景

第一节 循环农业的概述

一、概念

循环农业，是指在农作系统中推进各种农业资源往复多层与高效流动的活动，以此实现节能减排与增收的目的，促进现代农业和农村的可持续发展。

通俗地讲，循环农业就是运用物质循环再生原理和物质多层次利用技术，实现较少废弃物的生产和提高资源利用效率的农业生产方式。循环农业作为一种环境友好型农作方式，具有较好的社会效益、经济效益和生态效益。只有不断输入技术、信息、资金，使之成为充满活力的系统工程，才能更好地推进农村资源循环利用和现代农业持续发展！

二、发展意义

发展循环农业是实施实现农业可持续发展战略的重要途径。循环型农业是运用可持续发展思想和循环经济理论与生态工程学的方法，在保护农业生态环境和充分利用高新技术的基础上，调整和优化农业生态系统内部结构及产业结构，提高农业系统物质能量的多级循环利用，严格控制外部有害物质的投入和农业废弃物的产生，最大限度地减轻环境污染，使农业生产经济活动真正纳入农业生态系统循环中，实现生态的良性循环与农业的可持续发展。

三、六个重点环节

循环农业要进一步发展，已成为人们的共识，应着力抓好以下六个重点环节。

要突出绿色发展理念，调整结构。农业结构的战略性调整已取得明显成效，今后要在优化调整上下工夫，突出发展绿色食品、无公害食品和有机食品的生产，要注意保护水土，节约资源。

要保护耕地，提升质量。坚持推广秸秆返田与保护性耕作技术，实现种地与养地有机结合，加强耕地质量工程建设。大力推广生物防治，相关企业要研究、生产低残留农药和可降解塑料薄膜。要推广喷灌、滴灌，杜绝漫灌，发展节水农业。

要项目带动，企业参与。农村发展农产品加工或其他工业，要做到防污于未然，做到低排污与达标排放。

要发展沼气，有效转化。近年来，各地以户用沼气工程为重点，结合农村改圈、改厕、改厨，大力推广以"猪—沼—菜（粮—果—渔）"等为主要内容的生态模式，实现村庄、庭院废弃物再生利用的良性循环。随着秸秆、畜禽粪便等农业固体废弃物的循环利用，以及测土配方施肥等生态循环生产方式的推广，农产品质量得到提高。实践表明，循环农业与科技、经济与环保可以实现相互支持、良性互动。

要优化布局，整体规划。发展循环农业首先要制订发展规划。一方面，在充分调研的基础上，有选择、有重点地分别制订省、设区市、县（市、区）、乡、村等不同层次不同级别的循环农业发展计划，实现有计划、有步骤、有组织地稳步推进。要特别强调根据不同区域和不同层次农牧业的生产现状和实际需求，建立适宜的循环模式，并依照不同模式的特定优势，进行布局配置、结构调整，延长产业链，确保循环农业模式中各流通量与接口间的相互匹配、协调运行，促进循环农业健康、安全、有序生产。

要正确引导，有序推动。循环农业事关经济可持续发展，需要政策引导。同时，循环农业发展又涉及种植、养殖、加工、能源和环保等多个部门，要建立多部门联动机制，强化多元扶持，加大政府投资力度，保证其持续发展。

第二节　现代高效循环农业发展现状

一、生态循环农业在发展中所出现的问题

对于中国大部分的农业地区来说，虽然对于生态循环农业有着很高的配合度和积极性，但因时间及客观因素的制约，此种农业模式仍然存在着诸多的问题。

（一）生态循环观念缺乏

目前，人们对生态循环农业认识不足，大部分生产经营者只顾眼前利益而忽视对农业生态环境的保护。生态循环农业观念的缺失已成为农业生产过程中资源短缺、生态破坏和环境污染等问题长期得不到解决的重要原因。

（二）农业经营规模过小，成本过高

运用循环农业技术可以降低生产成本，但循环农业对农业经营的规模要求较高。目前农业生产中家庭型的小农经济仍占相当大的比重，土地分布较为零散，大型农业机械使用较少，手工劳动仍是主要的生产方式，一家一户进行循环利用的成本过高。传统的农业生产方式难以适应以规模与产业为重要特征的循环经济的发展。

（三）资金投入力度不够

广大农业生产经营者资金有限，难以满足发展生态循环农业的资金需求；发展生态循环业投入大，见效慢，经营者参与积极性不高。

（四）市场需求不足

目前，无公害、绿色、有机食品一般集中于大型超市销售，而大部分消费者选择农贸市场购物，是因为农产品标准及检测制度不健全，大部分消费者在选购时很少会从产品内在品质角度去考虑，往往以产品的外表及价格为选择依据，化肥、农药种植的农产品以其好的外表及较低的价位获得消费者的青睐。因此，目前无公害、绿色、有机农产品的市场需求严重不足，使生态循环农业发展缺乏市场动力。

二、中国循环农业经济的发展

随着中国建设"资源节约型""环境友好型"社会的建设，近年来，循环农业经济被在中国农业生产实践中逐步得到运用与发展，已经形成了多种典型示范模式的循环农业生产方式，如北方地区的"四位一体"的农村能源生态模式，南方的猪-沼-果或是菜-菇-鱼等"三位一体"复合生态模式，以及农产品加工业的链式生产模式等，已经形成比较有效的循环农业经济发展模式，在农村确实起到了引导和带动作用，有效规避了"白色农业""石油农业""速效农业"等单一农业经济增长方式，把当前的农业经济结构优化、废弃减排、增进循环、可持续性发展等多方面要求进行了整合和提升。由于中国农业产业的基础性地位，以及中国农业人口占多数、人均土地资源有限的特点，发展循环农业经济日益得到重视。

第三节 现代高效循环农业发展的前景

一、中国发展循环农业经济的体制建设

当今世界各国农业经济发展格局和趋势为：逐步形成农业区域产业闭合圈，促进绿色农业、生态农业、观光农业、园艺农业等循环农业模式，从微观、中观、宏观3个层面，打造农业区域现代化闭合圈型，构建循环农业经济发展体系。中国的农业发展趋势与布局应当站在更高的战略高度，既要重视国际农业资源的开发，又要重视国有农业资源的开发与科学利用。一方面，在国际农业资源的开发上，要扩大农副产品和农业工业品的出口能力，大力开发国际农业市场；另一方面，积极发挥中国农业技术优势，鼓励农业集团企业深入到农业资源丰富的国家去开拓农业产业，早定位、早安排发展外向型农业经济，来加快推进中国农业大国向农业强国的迈进步伐。新时期中国政府也制定了诸多循环农业经济发展的规划和意见等，其中在《中共中央国务院关于推进社会主义新农村建设的若干意见》中就明确提出要加快循环农业的发展，推进农业现代化建设，强化社会主义新农村建设的多项产业支撑。循环农业可持续性发展过程中，中国地域辽阔、环境丰富、条件各异，容易形成各具特色的循环农业经济发展模式。如福建省的"圣农模式"、泰安市的"六位一体"开发模式、无锡市的"一村一品、一村一企"战略等，都在一定时期和一定区域起到了示范带头作用。围绕以点带面、以面带片、片片联动的延伸发展趋势，促进农业循环经济的发展。按照系统的理念、节约资源的理念、生态的理念和消费的理念，遵循分阶段、分层次、分产业带建设的原则，科学制定循环农业发展战略规划，构建以"大农业"为导向的循环农业经济发展模式。循环农

业经济发展体制应该由"一个中心、两个目标、三个要求、四个服务、五个注重、六个确保、七个理顺"构成。

围绕一个中心：围绕农民循环利益最大化为中心。

坚持两个目标：坚持社会主义农村小康经济的全面实施、坚持社会主义农村经济可持续性发展。

达到三个要求：达到农业经济结构的优化、达到农村经济的全面发展、达到农民经济收入的提升。

提升四个服务：提升农业产前引导服务、提升农业产中技术服务、提升农业产后售后服务、提升市场运筹与效率服务。

注重五个利益：注重村镇基层组织利益投入与流转、注重农民利益投入与分配、注重农村个体利益的带动与鼓励、注重农民利益的评估与分析、注重农村经济市场的引导与规范。

实现六个确保：确保农业经济持续发展有保证、确保农村经济结构持续发展有保证、确保农民收入持续增长有保证、确保农业结构优化性有促进、确保龙头企业带动有着落、确保农民经济投入有激情。

理顺七种关系：理顺地方政府的扶持与带动的关系、理顺循环种植中的成本与投入的关系、理顺农民思想的波动与变迁的关系、理顺农业产品市场化与利益最大化的关系、理顺农业产业收入与服务薪酬的关系、理顺农业土地的再承包与利益分配的关系、理顺农民需求与社会保障之间的关系。

二、中国发展循环农业经济的实现途径

循环农业经济的可持续性发展不仅仅是一两个项目的组织与实施，更应该是一个系统工程，从政府扶持、制度建设、人才培训、利益带动、社会保障、舆论引导等多环节、多层面、多渠道推进，才会使循环农业经济得以发展壮大。

（一）政府的扶持

基层政府部门是确保循环农业经济良好运行的中坚力量，

是执行、监督、规划的主体部门。一方面，政府扶持体现在政府对三农建设服务中的体制转变的扶持。政府的扶持可以充分遵照循环农业经济的运行模式的需求出发，对农村、农民、农业进行发展规划，坚持"五个务必"、实现"五大转变"。"五个务必"就是指：①循环农业推进务必坚持区域示范带动。②农业服务务必坚持贴近农民。③农业市场建立务必坚持长效持久。④农业发展务必坚持资源保护。⑤乡镇发展务必统筹安排。在基层政府部门的扶持带动下，逐步实现循环农业中的"五个转变"：①农业产业布局从散户单一品种生产向多品种区域集约化生产的转变；②农业服务机制从农业经济增长向全方位服务的转变；③农业区域经济增长从示范带动向全民参与的转变；④农村基础设施建设从保障型发展向社区化统筹发展的转变；⑤农户与农业集团企业合作从利益互逆向多组织、多类别、多层次的制度规范化利益促进型的转变。另一方面，政府扶持也体现在农技革新、项目推广、区域示范的资金扶持与市场建设的扶持。

（二）制度的建设

依照党中央《关于农村深化改革发展若干重大问题的决定》等文件精神的要求，已为循环农业经济的发展环境和制度创新指明了方向，在循环农业经济建设中始终坚持"四个有利于"、遵循科学发展观的基础上，实现三农服务制度上"四个健全"。"四个健全"是指农村土地流转制度的健全；农业市场经营制度的健全；农村金融服务体制的健全；农村服务保障机制的健全。在健全农村各项制度下"四个有利于"是指有利于实现农村富余劳动力向第二、第三产业和城镇转移；有利于农业土地承包经营权向职业农民转移；有利于农业生产经营向集约规模化生产转移；有利于保障农业单一经济增长方式向生态经济循环多模式经济方式的转移，围绕逐步形成大农业、大发展、大进步的三农新格局奠定基础。

（三）人员的投入

农业科技人才战略实施是循环农业经济全面推动的关键环节和第一要务。国家文件政策明确指出"推进六个农业"，具体指"要用现代物质条件装备农业，用现代科学技术改造农业，用现代经营形式推进农业，用现代产业体系提升农业，用现代发展理念引领农业，用培养新型农民发展农业"。培养、解决农村需要的人才是一项长期的任务，它应该随着循环农业经济的实施应当大力推进，按照高效实用和符合农村实用人才需求、市场需求、用人用工单位需求的原则，以引导性培训、技能培训、农业技术培训、学历培训、思想政治培训等多类型、多内容、多层次的培训模式，着重培养一批适应循环农业经济的、懂技术、会管理、善经营的农村干部人才、农村党员人才、农业技术人才和专业技能人才等实用人才，逐步有效地提高他们带领基层农民群众致富的本领，广泛推进循环农业经济可持续性发展的人才战略。农村人才战略可以从机制或体制上进行解决：①政府制订政策，鼓励大学生、技术干部和教师支援农村循环农业经济建设；②大力推进"三农"职业培训教育，主要对农民创业家、企业家、专业户的培训，重点突出培养人才；③大力推进循环农业经济可持续性的发展，通过农业产业化、企业化、效益化，突出人才引进工作；④大力推进循环农业经济的全面发展，促使农村全面实施农村城镇化、农村城市化、农村社区化、农村现代化，营造良好乡村环境留住农村本地人才。

（四）利益的带动

在促进循环农业经济可持续性发展的全过程中，除政府的投入、企业的带动、技术人员的参与、循环农业经济的运行等之外，更要体现出农民利益的带动，最根本应该充分体现农民经济效益如何。以家庭承包经营为基础、统分结合的农业双层经营体制，是中国农村经济的一种根本制度。但是，已有研究表明家庭承包经营存在着局限性，"公司+农户"这一农业产业化经营模式也存在局限性，为了理顺生产主体、市场主体、服务主体、管理主体之间利益关系，按照"依法、自愿、有偿"的原则，建立"四位一体"的农业经营新体制——"专业大户+龙头企业+专业合作社+行业协会"，充分保障农民利益逐步增长。

（五）社保的跟进

农村建立健全科学合理的社会保障体系是农业经济多方位、多层面、多元化发展布局的重点和难点所在。按照中国社会科学院社会政策研究中心课题组的探索，提出的农村社会保障机制的"六个基础六个整合"的理念，即以最低生活保障线为底线，整合多元福利；以卫生保健为基础，整合多层次需求；以服务保障为基础，整合资金、设施、机构、制度等方面的保障；以就业为基础，整合多种资源；以社区为基础，整合政府作用和市场力量；以制度创新为基础，整合城乡统筹的社会保障。要使 8 亿农民充分从社会保障体制中得到惠及和受益，才能是中国社会保障机制真正意义上的完善。目前各项社会保障机制全面跟进，也是循环农业经济可持续性发展的必备条件之一，创造条件、改造环境、提高社保服务等是留住人才的基础。眼下当务之急是要加快推进农村最低生活保障制度、建立完善农村医疗卫生、养老保险制度和合理规划设计进城农民工的社会保障制度。

第二章 现代高效生态循环农业模式

第一节 农、林、牧、渔、加复合生态农业模式

一、农、林、牧、加复合生态模式

农、林、牧、渔、加复合生态农业模式主要包括农林复合生态模式、林牧复合生态技术模式、农林牧复合生态模式和农林牧加复合生态模式4个基本类型。

（一）农林复合生态模式

此模式分布较广，类型较为丰富，主要有农林模式、农果模式、林药模式、农经模式等类型。农林模式在我国北方广大地区已普遍采用，尤其在黄河平原风沙区农田营造防护林，有效地控制了风沙灾害，改善了农田小气候起到了保肥、保苗和保墒作用。保证了农作物的稳产丰收，常见的有点、片、条、网结合农田防护林，桐—粮间作和杨—粮间作等模式。

农果模式是以多年生果树与粮食、棉花、蔬菜等作物间作。常见的有枣—粮、柿—粮、杏—粮和桃—粮间作等模式。林—药模式是依据林下光照弱、温度低的特点，在林下栽种黄连、芍药等，使不同的生态位合理组配。农经模式是以多年生的灌木与粮食、牧草、油料及一年生草本经济作物进行间作，主要的搭配有茶粮、桑草、桐（油桐）豆、茶（油茶）瓜等。

主要技术包括林果种植、动物养殖以及种养搭配比例等。配套技术包括饲料配方技术、疫病防治技术、草生栽培技术和

地力培肥技术等。以湖北的林—鱼—鸭模式、海南的胶林养鸡和养牛最为典型。

（二）林牧复合生态模式

该模式是在林地或果园内放养各种经济动物，以野生取食为主，辅以必要的人工饲养，生产较集约化，养殖更为优质、安全的多种畜禽产品，其品质接近有机食品。主要有"林—鱼—鸭""胶林养牛（鸡）""山林养鸡""果园养鸡（兔）"等典型模式。

（三）农林牧复合生态模式

林业子系统为整个生态系统提供了天然的生态屏障，对整个生态系统的稳定起着决定性的作用；农业子系统则提供粮、油、蔬、果等农副产品；牧业子系统则是整个生态系统中物质循环和能量流动的重要环节，为农业子系统提供充足的有机肥，同时生产动物蛋白。因此，农、林、牧三个子系统的结合，有利于生态系统的持续、高效、协调发展。

（四）农林牧加复合生态模式

农、林、牧复合生态系统再加上一个加工环节，使农、林、牧产品得到加工转化，能极大地提高农、林、牧产品的附加值，有利于农产品在市场中的销售，使农民能做到增产增收，整个复合生态系统进入生态与经济的良性循环。

二、农、牧、渔、加复合生态模式

（一）农、渔复合生态模式

农、渔复合生态模式以稻田养鱼模式最为典型，通过水稻与鱼的共生互利，在同一块农田上同时进行粮食和渔业生产，使农业资源得到更加充分的利用。在稻田养鱼生态模式中，运用生态系统共生互利原理，将鱼、稻、微生物优化配置在一起，互相促进，达到稻鱼增产增收。水稻为鱼类栖息提供荫蔽条件，枯叶在水中腐烂，促进微生物繁衍，增加了鱼类饵料，鱼类为水稻疏松表层土壤，提高通透性和增加溶氧，促进微生物活跃，加速土壤养分的分解，供水稻吸收，鱼类为水稻消灭害虫和杂草，鱼粪为水稻施肥，培肥地力。这样所形成的良性循环优化系统，其综合功能增强，向外输出生物产量能力得以提高。

（二）农、牧、渔复合生态模式

农、牧、渔模式将农、牧、渔、食用菌和沼气合理组装，在提高粮食生产的同时，开展物质多层次多途径利用，发展畜禽养殖，使粮、菜、畜、禽、鱼和蘑菇均得到增产，经济收入逐步提高。

（三）农、牧、渔、加复合生态工程技术模式

以德惠市为例，通过兴建大型肉鸡、肉牛等肉类加工厂和玉米、大豆、水稻等粮食加工厂，搞好农畜产品的转化和精深加工，实现种植业—养殖业—加工业相配套，建设生产与生态良性循环的农牧渔加工业复合型农业生态模式。年可加工转化粮食 1×10^6 t，实现牧业产值 18 亿元，工业产值 80 亿元，利税 18 亿元，出口创汇 2 亿美元，安排农村劳动力 6 万人，增加农民收入 4.3 亿元，人均增收 580 元。增加市财政收入 5 亿元，基本实现全市粮食产品—饲料产品—畜禽产品—畜禽深加工产品的农、牧、工、贸之间的良性循环，形成以市场为导向，以加工企业为龙头，以农户为基础，产、加、销一条龙，贸、工、农一体化的良性生态经济系统。

第二节　种、养、加复合模式

该模式是将种植业、养殖业和加工业结合在一起，相互利用相互辅助，以达到互利共生，增产增值为目的的农业生态模

式。种植业为养殖业提供饲料饲草，养殖业为种植业提供有机肥，种植业和养殖业为加工业提供原料，加工业产生的下脚料为养殖业提供饲料。其中利用秸秆转化饲料技术、利用粪便发酵和有机肥生产技术是平原农牧业持续发展的关键技术。例如，用豆类做豆腐，以小麦磨面粉等，以加工厂的下脚料（如豆渣、麸皮）喂猪，猪粪入沼气池，沼肥再用于种植无公害水稻、蔬菜等；沼气可用于做饭和照明。

一、鱼—桑—鸡模式

池塘内养鱼，塘四周种桑树，桑园内养鸡。鱼池淤泥及鸡粪作桑树肥料，蚕蛹及桑叶喂鸡，蚕粪喂鱼，使桑、鱼、鸡形成良好的生态循环。试验表明，每 5 000kg 桑叶喂蚕，蚕粪喂鱼，可增加鱼产量 25kg，年产鸡粪 1 200kg，相当于给桑园施标准氮肥 18kg，磷肥 175kg。

二、鸡—猪—鱼模式

饲料喂鸡，鸡粪喂猪，猪粪发酵后喂鱼，塘泥作肥料。以年养 100 只鸡计算，将鸡粪喂猪，可增产猪肉 100kg，猪粪喂鱼可增捕成鱼 50kg，加上塘泥作肥料，合计可增收 1 000 元。

三、牛—鱼模式

将杂草、稻草或牧草氨化处理后喂牛，牛粪发酵后喂鱼，塘泥作农田肥料。两头牛的粪可饲喂一亩水塘的鱼，年增产成鱼 200kg。

四、牛—蘑菇—蚯蚓—鸡—猪—鱼模式

利用杂草、稻草或牧草喂牛，牛粪作蘑菇培养料，用蘑菇采收后的下脚料繁殖蚯蚓，蚯蚓喂鸡，鸡粪发酵后喂鱼，鱼塘淤泥作肥料。

五、家畜—沼气—食用菌—蚯蚓—鸡—猪—鱼模式

秸秆经氨化、碱化或糖化处理后喂家畜，家畜粪便和饲料残渣制沼气或培养食用菌，食用菌下脚料繁殖蚯蚓，蚯蚓喂鸡，鸡粪发酵后喂猪，猪粪发酵后喂鱼，沼渣和猪粪养蚯蚓，将残留物养鱼或作肥料。

六、鸡—猪模式

用饲料喂鸡，鸡粪再生处理后喂猪，猪粪作农田肥料。每40只肉仔鸡1年的鸡粪可养1头肥猪（从仔猪断奶至育肥到75kg）。

七、鸡—猪—牛模式

用饲料喂鸡，鸡粪再生处理后喂猪，猪粪处理后喂牛，牛粪作农田肥料。这样可大大减少人、畜、粮的矛盾，有效地降低饲料成本。

第三节　生态畜牧业生产模式

生态畜牧业生产模式是利用生态学、生态经济学、系统工程和清洁生产理论及方法进行畜牧业生产的过程，其目的在于达到保护环境、资源永续利用，同时生产优质的畜产品。

生态畜牧业生产模式的特点是在畜牧业全程生产过程中既要体现生态学和生态经济学的理论，同时也要充分利用清洁生产工艺，从而达到生产优质、无污染和健康的农畜产品；该模式的成功关键在于实现饲料基地、饲料及饲料生产、养殖及生物环境控制、废弃物综合利用及畜牧业粪便循环利用等环节能够实现清洁生产，实现无废弃物或少废弃物生产过程。现代生

态畜牧业根据规模和与环境的依赖关系分为复合型生态养殖场和规模化生态养殖场两种生产模式。

一、复合生态养殖场生产模式

该模式主要特点是以畜禽动物养殖为主，辅以相应规模的饲料粮（草）生产基地和畜禽粪便施用土地，通过清洁生产技术生产优质畜产品。根据饲养动物的种类可以分为以猪为主的生态养殖场生产模式，以草食家畜（牛、羊）为主生态养殖场生产模式，以禽为主的生态养殖场生产模式和以其他动物（兔、貂等）为主的生态养殖场生产模式。

技术组成：①无公害饲料基地建设：通过饲料粮（草）品种选择，土壤基地的建立，土壤培肥技术，有机肥制备和施用技术，平衡施肥技术，高效低残留农药施用等技术配套，实现饲料原料清洁生产目的。主要包括禾谷类、豆科类、牧草类、根茎瓜类、叶菜类、水生饲料；②饲料及饲料清洁生产技术：根据动物营养学，应用先进的饲料配方技术和饲料制备技术，根据不同畜禽种类、长势进行饲料配置，生产全价配合饲料和精料混合料。作物残体（纤维性废弃物）营养价值低，或可消化性差，不能直接用作饲料。但如果将它们进行适当处理，即可大大提高其营养价值和可消化性。目前，秸秆处理方法有机械（压块）、化学（氨化）、生物（微生物发酵）等处理技术。国内应用最广泛的是青贮和氨化；③养殖及生物环境建设：畜禽养殖过程中利用先进的养殖技术和生物环境建设，达到畜禽生产的优质、无污染，通过禽畜舍干清粪技术和疫病控制技术，使畜禽生长环境优良，无病或少病发生；④固液分离技术和干清粪技术：对于水冲洗的规模化畜禽养殖场，其粪尿采用水冲洗方法排放，既污染环境浪费水资源，也不利于养分资源利用。采用固液分离设备首先进行固液分离，固体部分进行高温堆肥，液体部分进行沼气发酵。同时为减少用水量，尽可能采用干清粪技术；⑤污水资源化利用技术：采用先进的固液分离技术分离出液体部分在非种植季节进行处理达到排放标准后排放或者进行蓄水贮藏，在作物生长季节可以充分利用污水中水肥资源进行农田灌溉；⑥有机肥和有机无机复混肥制备技术：采用先进的固液分离技术、固体部分利用高温堆肥技术和设备，生产优质有机肥和商品化有机—无机复混肥；⑦沼气发酵技术：利用畜禽粪污进行沼气发酵和沼肥生产，合理地循环利用物质和能量，解决燃料、肥料、饲料矛盾，改善和保护生态环境，促进农业全面、持续、良性发展，促进农民增产增收。

典型案例：陕西省陇县奶牛奶羊农牧复合型生态养殖场、江苏省南京市古泉村禽类实验农牧复合型生态养殖场、浙江省杭州市佛山养鸡场、辽宁省大洼县西安养鸡场等。

二、规模化养殖场生产模式

该模式主要特点是主要以大规模畜禽动物养殖为主，但缺乏相应规模的饲料粮（草）生产基地和畜禽粪便施用土地场所，因此，需要通过一系列生产技术措施和环境工程技术进行环境治理，最终生产优质畜产品。根据饲养动物的种类，可以分为规模化养猪场生产模式、规模化养牛场生产模式和规模化养鸡场生产模式。

技术组成：①饲料及饲料清洁生产技术；②养殖及生物环境建设；③固液分离技术；④污水资源化利用技术；⑤有机肥和有机—无机复混肥制备技术；⑥沼气发酵技术。

另外，生态养殖场产业化经营是现代畜牧业发展的必然趋势，是生态养殖场生产的一种科学组织与规模化经营的重要形式。商品化和产业化生态养殖场生产主要包括饲料饲草的生产与加工、优良动物新品种的选育与繁育、动物的健康养殖与管理、动物的环境控制与改善、畜禽粪便无害化与资源化利用、动物疫病的防治、畜产品加工、畜产品营销和流通等环节构成。科学合理地确定各生产要素的连接方式和利益分配，从而发挥畜禽产业化各生产要素专业化和社会化的优势，实现生态畜牧业的产业化经营。

第三章　蔬菜生态栽培技术

第一节　瓜果类蔬菜栽培

一、黄瓜

(一) 春季大棚栽培技术

1. 温光调控

(1) 定植至缓苗期　定植后 5~7d 基本不通风，保持白天 25~28℃，晚上不低于 15℃。

(2) 缓苗至采收　以提高温度，增加光照，促进发根、发棵，控制病虫害的发生为主要目标。管理措施以小环棚及覆盖物的揭盖为主要调节手段。缓苗后，晴天白天以不超过 25℃为宜，夜间维持在 10~12℃，阴天白天 20℃左右，夜间 8~10℃，尽量保持昼夜温差在 8℃以上。晴天应及时揭除覆盖物，下午在室内气温下降到 18~20℃时应及时覆盖。室温超过 30℃以上，应立即通风。如室内连续降至 5℃以下时应采取辅助加温措施。

采收期。进入采收期后，保持白天温度不低于 20℃，以 25~30℃时黄瓜果实生长最快。

2. 植株整理

(1) 搭架　在黄瓜抽蔓后及时搭架，可搭"人"字形架或平行架，也可用绳牵引，用绳牵引的要在大棚上拉好铁丝，准备好尼龙绳，制作好生长架。

（2）整枝 及时摘除侧枝。10节以下侧枝全部摘除，其他可留2叶摘心，生长后期将植株下部的病叶、老叶及摘除，以加强植株通风透光，提高植株抗逆性。整枝摘叶需在晴天10时以后进行，阴雨天一般不整枝。整枝后为避免整枝处感染，可喷施药剂进行保护。

（3）引蔓 黄瓜抽蔓后及时绑蔓，第一次绑蔓在植株高30~35cm时，以后每3~4节绑一次蔓。绑蔓一般在下午进行，避免发生断蔓。当主蔓满架后及时摘心，促生子蔓和回头瓜。用绳牵引的要顺时针向上牵引，避免折断瓜蔓。当主蔓到达牵引绳上部时，可将绳放下后再向上牵引。

3. 肥水管理

追肥分两种情况：①定植至采收期。定植后根据植株生长情况，追肥1~2次。第一次可在定植后7~10d施提苗肥，每亩施尿素2.5kg左右或有机液肥如氨基酸液肥、赐保康每亩施0.2kg；第二次在抽蔓至开花，每亩施尿素5~10kg，促进抽蔓和开花结果。②采收期。进入采收期后，肥水应掌握轻浇、勤浇的原则，施肥量先轻后重。视植株生长情况和采收情况，由每次每亩追施三元复合肥（$N : P_2O_5 : K_2O = 15 : 15 : 15$）5kg逐渐增加到15kg。

黄瓜需水量大且不耐涝。幼苗期需水量小，此时土壤湿度过大，容易引起烂根；进入开花结果期后，需水量大，在此时如不及时供水或供水不足，会严重影响果实生长和削弱结果能力。因此，在田间管理上需保持土壤湿润，干旱时及时灌溉，可采用浇灌、滴灌、沟灌等方式，避免急灌、大灌和漫灌，沟灌后要及时排除沟内水分，以免引起烂根。

（二）夏秋栽培技术

由于气温高，夏秋黄瓜蒸腾作用旺盛，需大量水分，因此必须加强肥水管理。必要时进行沟灌，但忌满畦漫灌，夜间沟灌后要及时排去积水。黄瓜生长至 20cm 左右时应及时制作生长架。可采用搭架栽培，也可采用吊蔓栽培，及时引蔓、绑蔓和整枝，生长中后期要及时摘除中下部病叶、老叶。采收阶段要追肥，采用"少吃多餐"的方法，即追肥次数可以多一些，但浓度要淡一些，每次施肥量少一点，有利于黄瓜吸收。同时要加强清沟、理沟，及时做好开沟排水和除草工作。

二、荚瓜（西葫芦）

（一）露地地膜覆盖栽培

播种后（定植后）至结瓜前。先播种后覆膜的，幼苗出土后气温升高时在幼苗上方将地膜划一"十"字形洞口通风，以防高温灼伤幼苗。晚霜过后，从地膜开口处将秧苗挪出膜外，并将洞穴填平，植株四周地膜裂口用土压住，防止被风吹毁。瓜苗出土后，遇有寒流侵袭时注意防霜冻。

（1）追肥灌水　定植后或出苗以蹲苗为主。当田间植株有 90% 以上坐瓜后，瓜 0.25kg 重时，开始追肥灌水，每亩追施尿素 15~20kg、钾肥 10kg。结瓜盛期，每 15~20d 追肥一次，肥料用量、种类与第一次相同。大量采收期，要保持土壤湿润，每 7~10d 灌水一次，每次灌水应在采瓜前 2~3d 进行，夏季灌水应在早晚进行，水量不宜过大。生长中后期，喷施叶面宝或 0.2% 磷酸二氢钾水溶液或尿素作叶面肥，10d 一次，防止早衰。

（2）中耕除草、打老叶、疏花疏果　定植缓苗或直播出苗后，在畦（垄）沟内中耕松土，清除杂草，边松土边打碎土坷垃，拍实保墒，一般进行 2~3 次，及时摘除病叶、老叶、畸形瓜，雌花太多要进行疏花疏果。

（3）保花保果　荚瓜属异花授粉作物，所以雌花开放必须进行人工授粉，防止雌花脱落。人工授粉在 9—10 时进行，方法：将当天开放的雄花的花药摘下，插入雌花的柱头内，雄花少时，每朵雄花可授2~3朵雌花。如果雄花不足，可用丰产剂2号或防落素涂抹雌花柱头，亦可防止落花落瓜。

（二）中小拱棚栽培

1. 栽培季节

3月上旬播种育苗，3月下旬至4月上旬定植，5月中旬采收。

2. 品种选择

品种主要有凯旋2号、双丰2号、百利等。

3. 栽培技术

（1）整地作畦施肥　头年前作物收获后，清洁地块，秋耕晒垡，灌好冬水。次年2月中下旬扣膜暖地。头年秋耕前或次年春覆膜前，每亩施腐熟有机肥5 000~7 000kg，磷酸氢二铵25kg或油饼25kg，硫酸钾20kg，过磷酸钙40kg。基肥施入地化冻后，深翻晒地，定植前耙碎土地，整平地面作垄，垄高20~25cm、宽60cm、沟宽30~40cm、垄距80cm，或作高畦，畦宽1.2m、高20~25cm、沟宽40cm。

（2）定植　①定植时间：4月上旬定植。②定植方法：选晴天上午，定植时先铺地膜，按50cm株距在畦面上打孔，高畦每畦栽两行，高垄每垄栽一行，将苗栽入后覆土，再顺畦（垄）沟灌水，水量以离畦（垄）面10cm为宜。③定植密度：一般行距80cm，株距50cm，每亩栽苗1 600株左右。

（3）田间管理　①追肥灌水：定植后以蹲苗为主，一般不灌水。当田间90%以上植株坐瓜后，结合追肥开始灌水，每亩施尿素20kg。结瓜盛期10d左右灌水一次，每15~20d追肥一次，肥料用量、种类与第一次相同。生长到中后期，喷施叶面宝或0.2%磷酸二氢钾水溶液或尿素作叶面肥，10d一次，防止早衰。②温、湿度管理：定植后，要密闭保温，促进缓苗，白天温度保持在 30~32℃，最高不超过 35℃，相对湿度维持在 80%~85%。缓苗后到结瓜前，要适当放风，降低棚温，白天温度为 25~29℃。5 月下旬以后，白天要揭开底边大通风，相对湿度维持在 50%~60%。6 月中旬以后，要日夜通风。7 月上旬可揭膜。③中耕、除草、打老叶、疏花疏果：定植缓苗后，在畦（垄）沟内中耕松土，清除杂草，灌水前一般进行 2~3 次，并及时摘除病叶、老叶及畸形瓜，疏去过多的雌花。④保花保果。每天 9—10 时，将当天开放的雄花的花药摘下，插入雌花的柱头内，雄花少时，每朵雄花可授 2~3 朵雌花，或用丰产剂 2 号或防落素涂抹雌花柱头，可防止落花落瓜。

（4）采收 一般 5 月中旬采收。

（三）日光温室栽培

1. 秋冬茬栽培

（1）栽培季节 8 月中旬育苗，9 月上旬定植，10 月中下旬上市。

（2）品种选择 品种主要有凯旋 7 号、冬玉、百利等。

（3）栽培技术 ①整地作畦施肥：前作收获后，温室应伏泡伏晒休闲。耕定植前高温闷棚消毒，然后每亩施入腐熟有机肥 4 000~5 000kg，过磷酸钙 40kg，磷酸氢二铵 30kg，硫酸钾 15kg，开沟施入畦底。基肥施入后翻地，耙碎土块，整平地面作高畦，畦高 15cm、宽 120cm、沟宽 30cm，或做成宽 60cm、高 20cm、沟宽 40cm 的高垄栽培。②定植：定植时间为 8 月中旬直播或 9 月中旬定植。育苗移栽的，定植时先铺地膜，在畦面上按 50cm 株距打孔，每畦栽两行；高垄栽培的，每垄一行，栽完后浇水，并顺畦（垄）沟灌一水。直播的，按 50cm 株距打孔，浇水后将出芽的种子播入，胚根朝下，覆盖过筛湿细土，然后覆盖地膜。定植密度一般行距 80cm，株距50cm，每亩栽苗1 600株左右。③田间管理：追肥灌水。定植后到坐瓜前，一般不浇水，以控水蹲苗为主。90%以上植株坐瓜后，结合追肥开始灌水，每亩施尿素20kg。结瓜盛期，10d左右浇水一次。11月以后，气候变冷不宜浇明水，可采用滴灌或膜下暗灌，而且灌水要选晴天上午进行。每15~20d追肥一次。温、湿度管理。秋冬茬菜瓜在播种时气温尚高，一般4~5d即可出苗，要注意防雨和适当遮阳。定植后（9月中旬），露地气温开始下降，要及时在温室上覆盖薄膜，覆膜后的温、湿度管理是白天保持20~25℃，夜晚14℃，室内相对湿度控制在60%~70%。同时，根据温度高低进行通风换气。保花保果应雌花开放时每天上午进行人工授粉或用激素处理雌花柱头。④采收：10月中下旬采收。

2. 冬春茬栽培、春茬栽培

（1）栽培季节 冬春茬栽培10月中下旬播种育苗，11月中旬定植，12月下旬上市。春茬栽培12月中下旬月上旬定植，2月下旬至3月上旬上市。

（2）品种选择 品种主要有凯旋7号、冬玉、百利、阿多尼斯、9805等。

（3）栽培技术 ①整地作畦施肥：菜瓜不宜和瓜类连作，应轮作2~3年，前作收获后，清洁地块，进行土壤和温室消毒。整地前每亩施入腐熟有机肥5 000~7 000kg，磷酸氢二铵40kg，过磷酸钙50kg，硫酸钾15kg。基肥施入后，翻耕耙耱平整作畦，畦宽1.0~1.2m，在畦中间作一深15cm、宽20cm的灌水沟，进行膜下暗灌，畦高20~25cm、沟宽40cm。②定植时间：冬春茬栽培的在11月中旬定植，春茬栽培的在1月上中旬定植，应选择晴天上午定植。③定植方法：定植时先铺好地膜，按行株距在畦面上打孔，每畦栽两行，将苗栽入后覆细土、灌水，栽完后顺畦沟灌水。④定植密度：一般行距80cm，株距50cm，每亩栽苗1 600株左右。⑤田间管理：

A. 追肥灌水。定植后至缓苗前进行蹲苗。90%以上植株坐瓜后，灌水追肥，每亩施尿素20kg或磷酸氢二铵15kg。结瓜盛期，15~20d追肥一次，用量与第一次相同。冬春气候寒冷，宜在晴天上午采用膜下暗灌或滴灌，水量不宜过大，在采瓜前2~3d进行，之后视瓜秧长相、天气情况，每7~10d灌水一次。冬春季节气温低，通风少，室内 CO_2 欠缺，结瓜期可进行 CO_2 施肥，具体方法可参考黄瓜第一节。B. 温、湿度及光照管理。定植后到缓苗前，要密闭保温，白天温度保持在30~32℃，夜间15~20℃。缓苗后，开始通风降温降湿，白天保持20~25℃，夜晚14℃，室内相对湿度控制在70%~75%。结瓜期，白天室温保持在25℃，夜晚15℃，相对湿度60%。缓苗后在后墙张挂反光膜，增加室内光照，一般在11月下旬至翌年3月下旬增产效果最明显。C. 保花保果、吊蔓。菜瓜属雌雄异花作物，因无传粉媒介必须进行人工授粉，将当天早晨开放的雄花的花药摘下，插入雌花的柱头内，雄花少时，每朵雄花可授2~3朵雌花，或用丰产剂2号、防落素涂抹雌花柱头。同时，瓜秧长到60~70cm高时，开始吊蔓，方法同黄瓜。⑥采收：冬春茬栽培的在12月下旬采收，春茬栽培的在2月下旬至3月上旬采收。

三、西瓜

西瓜起源于非洲热带草原，为葫芦科一年生攀缘性草本植物，我国栽培历史悠久。

（一）塑料大棚春茬栽培技术

（1）温度管理　定植后5~7d闷棚增温，白天温度保持在30℃左右，夜间20℃左右，最低夜温10℃以上，10cm地温维持在15℃以上。温度偏低时，应及时加盖小拱棚、二道幕、草苫等保温。缓苗后开始少量放风，大棚内气温保持在25~28℃，超过30℃适当放风，夜间加强覆盖，温度保持在12℃

以上，10cm 地温保持在 15℃ 以上。随着外界气温的升高和蔓的伸长，当棚内夜温稳定在 15℃ 以上时，可把小拱棚全部撤除，并逐渐加大白天的放风量和放风时间。开花坐果期白天气温应保持在 30℃ 左右，夜间不低于 15℃，否则坐瓜不良。瓜开始膨大后要求高温，白天气温 30~32℃，夜间 15~25℃，昼夜温差保持 10℃ 左右，地温 25~28℃。

（2）肥水管理　定植前造足底墒，定植时浇足定植水，瓜苗开始甩蔓时浇一次促蔓水，之后到坐瓜前不再浇水。大部分瓜坐稳后浇催瓜水，之后要勤浇，经常保持地面湿润。瓜生长后期适当减少浇水，采收前 7~10d 停止浇水。

在施足基肥的情况下，坐瓜前一般不追肥。坐瓜后结合浇水每亩冲施尿素 20kg、硫酸钾 10~15kg，或充分腐熟的有机肥沤制液 800kg。膨瓜期再冲施尿素 10~15kg、磷酸二氢钾 5~10kg。

开花坐瓜后，每 7~10d 进行一次叶面喷肥，主要叶面肥有 0.1%~0.2% 尿素、0.2% 磷酸二氢钾、丰产素、1% 复合肥浸出液以及 1% 红糖或白糖等。

（3）植株调整　采用吊蔓栽培时，当茎蔓开始伸长后应及时吊绳引蔓。多采取双蔓整枝，将两条蔓分别缠在两根吊绳上，使叶片受光均匀。引蔓时如茎蔓过长，可先将茎蔓在地膜上绕一周再缠蔓，但要注意避免接触土壤。

爬地栽培一般采取双蔓整枝或三蔓整枝法。双蔓整枝法保留主蔓和基部的一条健壮子蔓，多用于早熟品种；三蔓整枝法保留主蔓和基部两条健壮子蔓，其余全部摘除，多用于中、晚熟品种。当蔓长到 50cm 左右时，选晴、暖天引蔓，并用细枝条卡住，使瓜秧按要求的方向伸长。主蔓和侧蔓可同向引蔓，也可反向引蔓，瓜蔓分布要均匀。

（4）人工授粉与留瓜　开花当天 6—9 时授粉，阴雨天适当延后。一般每株瓜秧主蔓上的第 1~3 朵雌花和侧蔓上的第一朵雌花都要进行授粉。选留主蔓第二雌花坐瓜，每株留一个瓜，其他作为后备瓜。坐瓜后，要不断进行瓜的管理，包括垫瓜、翻瓜、竖瓜等。

吊蔓栽培时要进行吊瓜或落瓜，即当瓜长到500g左右时，用草圈从下面托住瓜或用纱网袋兜住西瓜，吊挂在棚架上，以防坠坏瓜蔓；或将瓜蔓从架上解开放下，将瓜落地，瓜后的瓜蔓在地上盘绕，瓜前瓜蔓继续上架。

（5）植物生长调节剂的应用　塑料大棚早春栽培西瓜，棚内温度低，为提高坐瓜率，可在授粉的同时，用20~50mg/L坐果灵蘸花。坐瓜前瓜秧发生旺长时，可用200mg/L助壮素喷洒心叶和生长点，每5~7d一次，连喷2~3次。

（6）割蔓再生　大棚西瓜采收早，适合进行再生栽培，一般采用割蔓再生法。具体做法是：头茬瓜采收后，在距嫁接口40~50cm处剪去老蔓。割下的老蔓连同杂草、田间废弃物清理出园，同时喷施50%多菌灵可湿性粉剂500倍液进行田间消毒，再结合浇水每亩追施尿素12~15kg、磷酸二氢钾5~6kg，促使基部叶腋潜伏芽萌发。由于气温较高，光照充足，割蔓后7~10d就可长成新蔓，之后按头茬瓜栽培法进行整枝、压蔓以及人工授粉等。

温度管理上以防高温为主。根据再生新蔓的生长情况，开花坐果前可适量追施，一般每亩追施腐熟饼肥40~50kg，复合肥5~10kg，幼瓜坐稳后，每亩追施复合肥20~25kg，促进果实膨大，通常40~45d就可采收二茬瓜。

（二）地膜覆盖与双膜覆盖栽培

（1）品种选择　选用早熟或中熟品种。

（2）育苗　在加温温室或日光温室内，用育苗钵进行护根育苗，适宜苗龄为30~40d，具有3~4片真叶。

（3）定植　地膜覆盖于当地终霜期后定植，双膜覆盖（小拱棚+地膜）可比露地提早15d左右。定植前15~20d开沟深施肥，沟深 50cm、宽 1m，施肥后平沟起垄，垄高 15~20cm、宽 50~60cm，早熟品种垄距为 1.5~1.8m，中晚熟品种垄距 1.8~2.0m，株距 40~50cm。为节约架材和地膜，双膜覆盖还可采取单垄双株栽植或单垄双行栽植，垄距 3.0m，早熟品种每亩定植 1 100~1 300 株，中熟品种 800~900 株，随定植随扣棚。

（4）田间管理 双膜覆盖定植后密闭保温，以利缓苗。缓苗后注意通风换气，防止高温烤苗。当外界气温稳定在 18℃以上时撤除拱棚，南方地区雨水多，可在完成授粉后撤棚。多采用双蔓整枝，引蔓、压蔓要及时。为确保坐果，必须进行人工辅助授粉。头茬瓜结束后，加强管理，可收获二茬瓜。

（三）无籽西瓜栽培要点

（1）人工破壳、高温催芽 无籽西瓜种壳坚厚，种胚发育不良，发芽困难，需浸种后人工破壳才能顺利发芽。破壳时一定要轻，种皮开口要小，长度不超过种子长度的 1/3，不要伤及种仁。无籽西瓜发芽要求的温度较高，以 32~35℃为宜。

（2）适期播种、培育壮苗 无籽西瓜幼苗期生长缓慢，长势较弱，应比普通西瓜提早 3~5d 播种，苗期温度也要高于普通西瓜 3~4℃。要加强苗床的保温工作，如架设风障、多层覆盖等。此外，在苗床管理时，还应适当减少通风量，以防止床内温度下降太快。出苗后及时摘去夹住子叶的种壳。

（3）配置授粉品种 无籽西瓜植株花粉发育不良，必须间种普通西瓜品种作为授粉株，生产上一般 3 行或 4 行无籽西瓜间种 1 行普通西瓜。授粉品种宜选用种子较小、果实皮色不同于无籽西瓜的当地主栽优良品种，较无籽西瓜晚播 5~7d，以保证花期相遇。

（4）适当稀植 无籽西瓜生长势强，茎叶繁茂，应适当稀植。一般每亩栽植 400~500 株。

（5）加强肥水管理　从伸蔓后至坐瓜期应适当控制肥水，浇水以小水暗浇为宜，以防造成徒长跑秧，难以坐果。瓜坐稳后加大肥水供应量，肥水齐攻，促进果实迅速膨大。

（四）小果型西瓜栽培

小果型西瓜一般以设施栽培为主，可利用日光温室或大棚进行早熟栽培和秋延后栽培。小果型西瓜对肥料反应敏感，施肥量为普通西瓜的70%左右为宜，忌氮肥过多，要求氮磷钾肥配合施用。定植密度因栽培方式和整枝方式而异。吊蔓或立架栽培通常采用双蔓整枝，每亩定植1 500~1 600株。爬地栽培一般采用多蔓整枝，三蔓整枝每亩定植700~750株，四蔓整枝500~550株。留瓜节位以第二或第三雌花为宜。每株留瓜数可视留蔓数而定。一般双蔓整枝留1~2个瓜，多蔓整枝可留3~4个瓜。部分品种可留二茬瓜，坐瓜节以下子蔓应尽早摘除。

四、甜瓜

甜瓜又名香瓜，主要起源于我国西南部和中亚地区，属葫芦科一年生蔓性植物。果实香甜，以鲜食为主，也可制作果脯、果汁及果酱等。

（一）塑料大棚厚皮甜瓜春茬栽培技术

1. 品种选择

选择状元、蜜世界、伊丽莎白等。

2. 播种育苗

利用温室、大拱棚或温床育苗。播前进行浸种催芽。采用育苗钵或穴盘育苗。每钵播一粒带芽种子，覆土1.5cm。出苗前白天温度保持在28~30℃，夜间17~22℃；苗期要求白天温度为22~25℃，夜间15~17℃；定植前7d低温炼苗。苗龄30~35d，具有3~4片真叶时为定植适期。

重茬大棚宜进行嫁接育苗，砧木有黑籽南瓜、杂交南瓜或野生甜瓜，插接法嫁接。

3. 整地作畦

整地前施足底肥，一般每亩施优质有机肥 3~5m³，复合肥 50kg，钙镁磷肥 50kg，硫酸钾 20kg，硼肥 1kg。土地深翻耙细整平后作畦。采用高畦，畦面宽 1.0~1.2m，高 15~20cm，沟宽 40~50cm。

4. 定植

晴天定植。采用大小行栽植，小行距 70cm，大行距 90cm，株距 35~50cm。每亩定植株数为：小果型品种 2 000~2 200株，大果型品种 1 500~1 800株。

5. 田间管理

（1）温度管理　定植初期要密闭保温，促进缓苗，白天棚内气温 28~35℃，夜间 20℃以上；缓苗后，白天棚温 25~28℃，夜间 15~18℃，超过 30℃通风；坐瓜后，白天棚温 28~32℃，夜间 15~20℃，保持昼夜温差 13℃以上。

（2）植株调整　甜瓜整枝方式主要有单蔓整枝、双蔓整枝及多蔓整枝等几种。

单蔓整枝适用于以主蔓或子蔓结瓜为主的甜瓜品种密集栽培，双蔓整枝适用于以孙蔓结瓜为主的中、小果型甜瓜品种密集早熟栽培，多蔓整枝主要用于以孙蔓结瓜为主的大、中果型甜瓜品种的早熟高产栽培。

厚皮甜瓜品种大多以子蔓结瓜为主，大棚春茬栽培一般采取吊蔓栽培、单蔓整枝、子蔓结瓜，少数采用双蔓整枝。单蔓整枝一般在 12~14 节位留瓜，选留瓜节前后的 2~3 个基部有雌花的健壮子蔓作为预备结果枝，其余摘除，坐瓜后瓜前留 2 片叶摘心，主蔓 25~30 片真叶时摘心。双蔓整枝在幼苗长至 4~5 片真叶时摘心，选留 2 条健壮子蔓，利用孙蔓结瓜，每子蔓的留果、打杈、摘心等方法与单蔓整枝相同。

（3）人工授粉与留瓜　在预留节位的雌花开放时，于8—10时人工授粉。当幼瓜长至鸡蛋大时开始选留瓜。小果型品种每株留2个瓜，大果型品种每株留1个瓜。当幼瓜长到250g左右时，及时吊瓜。小果型瓜可用网兜将瓜托住，也可用绳或粗布条系住果柄，拉住瓜，防止瓜坠拉伤瓜秧。大果型瓜需用草圈从下部托起，防止瓜坠地。当瓜定个后，定期转瓜2~3次，使瓜均匀见光着色。

（4）肥水管理　定植时浇足定植水，抽蔓时浇一次促蔓水，并随水追施尿素15kg，磷酸氢二铵10kg，硫酸钾5kg。坐瓜前后严格控制浇水，防止瓜秧旺长，引起落花落果。坐瓜后植株需水需肥量增大，根据结瓜期长短适当追肥1~2次，每次每亩追施硝酸钾20kg、磷酸二氢钾10kg，或充分腐熟的粪肥800~1 000kg，并交替喷施叶面肥0.2%磷酸二氢钾、甜瓜专用叶面肥、1%的过磷酸钙浸出液、葡萄糖等。

（二）露地地膜覆盖薄皮甜瓜栽培

1. 整地作畦

选择地势高、排水良好、土层深厚的沙壤土或壤土，结合整地每亩施入腐熟优质有机肥4~5m³，过磷酸钙50kg。南方地区采用高畦深沟栽培，华北、东北多做成平畦，西北干旱少雨地区采用沟畦。

2. 播种定植

直播或育苗移栽均可，一般在露地断霜后播种或定植。露地直播采用干籽或催芽后点播。育苗移栽多采用小拱棚营养钵育苗，苗龄30~35d，3~5片真叶时定植。种植密度因品种和整枝方式而异，一般每亩定植1 000~1 500株。宜采取大小行栽苗，大行距2~2.5m，小行距50cm，株距30~60cm。

3. 田间管理

在底肥施足、土壤墒情较好的情况下，结瓜前控制肥水，加强中耕，以促进根系生长，防止落花落果。若土壤墒情不足且幼苗生长瘦弱，可结合浇水追施一次提苗肥，每亩追施磷酸二铵10kg，结瓜后应保证肥水充足供应。瓜蔓伸长后，应及早引蔓、压蔓，使瓜蔓按要求的方向伸长。整枝方式各地差别较大，以主蔓或子蔓结瓜为主的小果型品种密集早熟栽培多采取单蔓整枝；以孙蔓结瓜为主的中、小型品种密集早熟栽培多采取双蔓整枝；中晚熟品种高产栽培宜采取多蔓整枝。

小果型品种密集栽培每株留瓜2~4个，稀植时留瓜5个以上；大果型品种每株留瓜4~6个。

五、苦瓜

苦瓜别名：锦荔枝、癞葡萄、癞蛤蟆、凉瓜等。是秋冬蔬菜淡季的理想蔬菜品种。

1. 播种育苗

苦瓜一般在春、夏两季栽培。北方地区于3月底、4月初在阳畦或温室育苗。苦瓜种皮较厚，播种前要浸种催芽，先用清水将种子洗干净，在50℃左右的温水中浸10min，并不断搅拌。然后再放在清水中浸泡12h，最好每隔4~5h换一次水。用湿布包好，放在28~33℃的地方催芽，每天用清水把种子清洗一次，以防种子表面发霉，2~3d后，部分种子开始发芽，便可拣出先行播种，尚未出芽的种子可继续催芽。温度低于20℃发芽缓慢，13℃以下则发芽困难。苗期30~40d，立夏节前后即可定植。

2. 整地施基肥

栽培苦瓜要选择地势高、排灌方便、土质肥沃的泥质土为宜，前茬作物最好是水稻田，忌与瓜类蔬菜连作。播前耕翻晒

垄，整地作畦。每亩要施入基肥（腐熟的土杂肥）1 500~
2 000kg，过磷酸钙30~35kg。

3. 适当密植

苦瓜苗长出 3~4 片真叶时，可选择晴天的下午定植。行
距×株距为 65cm×30cm，一般密度 2 000~2 250 株/亩。定植
不可过深，因为苦瓜幼苗较纤弱，栽深易造成根腐烂而引起死
苗，定植后要浇定苗水，促使其缓苗快。

4. 田间管理

（1）合理施肥　苦瓜耐肥不耐瘠，充足的肥料是丰产的
基础。苦瓜蔓叶茂盛，生长期较长，结果多，所以对水肥的要
求较高。除施足基肥外，注意对氮、钾肥应合理搭配，避免偏
施氮肥。在苦瓜第一片真叶期开始追肥，施尿素 1~1.5kg/亩，
以后每隔7~10d 追肥一次。

（2）搭架引蔓　苦瓜主蔓长，侧蔓繁茂，需要搭架引蔓，
架形可采用"人"字形。引蔓时注意斜向横引。苦瓜距离地
面 50cm 以下的侧蔓结瓜甚少，应及时摘除，在半架处侧蔓如
生长过密，也应适当摘除一些弱枝，使养分集中，以发挥主蔓
结果优势。或主蔓长至 1m 时摘心，留两条强壮的侧蔓结果。
整个生长期要适当剪除细弱的侧蔓及过密的衰老黄叶，使之通
风透光，增强光合作用，防止植株早衰，延长采收期。

（3）水分的调节　春播的苦瓜幼苗期要控制水分，使其
组织坚实，增强抗寒能力。5—6 月雨水多时，应及时排除积
水，防止地坪过湿，引起烂根发病。夏季高温季节，晴天要注
意灌水，地面最好覆盖稻草，降温保湿。

5. 采收

苦瓜采收适宜的标准是，瓜角瘤状物变粗、瘤沟变浅、尖
端变为平滑、皮色由暗绿变为鲜绿，并有光泽的要及时采收上
市。一般产量在1 500~2 000kg/亩。

第二节 茄果类蔬菜栽培

一、番茄

（一）春季大棚栽培技术

大棚春番茄的管理原则以促为主，促早发棵、早开花、早坐果、早上市，后期防早衰。

（1）温光调控 定植后闷棚（不揭膜）2~4d。缓苗后根据天气情况及时通风换气，降低湿度，通风先开大棚再适度揭小棚膜。白天尽量使植株多照阳光，夜间遇低温要加盖覆盖物防霜冻，一般在3月下旬拆去小环棚。以后通风时间和通风量随温度的升高逐渐加大。

（2）植株整理 第一花序坐果后要搭架、绑蔓、整枝，整枝时根据整枝类型将其他侧枝及时摘去，使棚内通风透光，以利植株的生长发育。留3~4穗果时打顶，顶部最后一穗果上面留2片功能叶，以保证果实生长的需要。每穗果应保留3~4个果实，其余的及时摘去。结果后期摘除植株下部的老叶、病叶，以利通风透光。

（3）追肥 肥料管理掌握前轻后重的原则。定植后10d左右追1次提苗肥，每亩施尿素5kg。第一花序坐果且果实直径3cm大时进行第二次追肥，第二、第三花序坐果后，进行第三、第四次追肥，每次每亩追尿素7.5~10kg或三元复合肥5~15kg。采收期，采收1次追肥1次，每次每亩追尿素5kg、氯化钾1kg。

（4）水分管理 定植初期，外界气温低，地温也低，不利于根系生长，一般不需要补充水分。第一花序坐果后，结合追肥进行浇灌，此时，大棚内温度上升，番茄植株生长迅速，并进入结果期，需要大量的水分。每次追肥后要及时灌水，做到既要保证土壤内有足够的水分供应，促进果实的膨大，又要防止棚内湿度过高而诱发病害。

（5）生长调节剂使用　第一花序有 2~3 朵花开时，用激素喷花或点花，防止因低温引起的落花落果，促进果实膨大，抑制植株徒长是确保番茄早熟丰产的重要措施之一。常用激素主要为番茄灵，用于浸花，也可用于喷花，浓度掌握在 30~40mg/kg。使用番茄灵必须在植株发棵良好、营养充足的条件下进行，因此定植后不宜过早使用。番茄灵也可防止高温引起的落花落果，在生长后期也可使用，但使用后要增加后期的追肥，防止早衰。

（二）秋季栽培技术

（1）品种选择　上海地区一般选用金棚 1 号、合作 908、浙粉 202、21 世纪粉红番茄等品种。

（2）播种时期　播种期一般在 7 月中旬，延后栽培的可推迟到 8 月上旬前。

（3）育苗　秋番茄也要采取保护地育苗，以减少病毒病的为害。播种方法与春季大棚栽培相同，先撒播于苗床上，再移栽到塑料营养钵中，或者采用穴盘育苗，将番茄种子直接播于 50 穴或 72 穴穴盘中。穴盘营养土可按体积比按肥沃菜园土 6 份、腐熟干厩肥 3 份、砻糠灰 1 份或蛭石 50%、草炭 50% 配制。播种前浇透水，播后及时覆盖遮阳网，苗期正值高温多雨季节，幼苗易徒长，出苗后要控制浇水，应保持苗床见干见湿。遇高温干旱，应适量浇水抗旱保苗。秋季番茄苗龄不超过 25d。

（4）整地作畦　秋番茄的前茬大多是瓜果类蔬菜，土壤中可能遗留下各种有害病菌，而且因高温蒸发土壤盐分上升，这对种好秋番茄极为不利。所以，前茬出地后，应立即进行深翻、晒白、灌水淋洗，然后每亩施商品有机肥 500~1 000kg 和 45% 硫酸钾肥 30kg，深翻整地，再做成宽 1.4~1.5m（连沟）

的深沟高畦。

（5）定植 8月中旬至9月初选阴天或晴天傍晚进行，每畦种2行，株距30cm，边栽植边浇水，以利活棵。

（6）田间管理 定植后要及时浇水、松土、培土。活棵后施提苗肥，每亩施尿素10kg左右。第一穗果坐果后，每亩施三元复合肥15~20kg，追肥穴施或随水冲施。以后视植株生长情况再追肥1~2次，每次每亩施三元复合肥10~15kg。

开花后用25~30mg/kg浓度的番茄灵防止高温落花、落果。坐果后注意水分的供给。

秋番茄不论早晚播种都以早封顶为好，留果3~4层，这样可减少无效果实的产生，提高单果重量。秋番茄后期的防寒保暖工作很重要，一般在10月底就要着手进行。种在大棚内的，夜间要放下薄膜；种在露地的，要搭成简易的小环棚。早霜来临前，盖上塑料薄膜，一直沿用到11月底。作延后栽培的，进入12月后，要开始加强保暖措施。可在大棚内套中棚，并将番茄架拆除放在地上，再搭小环棚，上面覆盖薄膜和无纺布等防寒材料。如果措施得当，可延迟采收到2月中旬。其他田间管理与春季大棚栽培相同。

（7）采收 10月中下旬可开始采收。采用大棚延后栽培的，可采收到翌年的2月。露地栽培的秋番茄每亩产量为1 000~2 000 kg，大棚栽培的秋番茄每亩产量为2 000~2 500kg。

二、茄子

茄子原产于东南亚印度。在我国栽培历史悠久，分布很广，为夏、秋季的主要蔬菜。其品种资源极为丰富。据中国农业科学院蔬菜花卉研究所组织全国各省、市科技工作者调查统计，共搜集了972份有关茄子的材料，这为杂交制种提供了雄厚资源条件。20世纪70年代以前，茄子的单产不高，而后一些科研单位配制选育了一批杂交组合，如南京的苏长茄、上海的紫条茄、湖南的湘早茄等。一些种子公司也开始生产和经营杂交茄子种子，从而大大提高了茄子的单位面积产量。

茄子的营养成分比较丰富。据分析，每 100g 可食部分含蛋白质 2.3g，脂肪 0.1g，碳水化合物 3g，钙 22mg，磷 31g，铁 0.3mg 等。

（1）整地作畦施基肥　茄子根系较发达，吸肥能力强，如要获得高产，宜选择肥沃而保肥力强的黏壤土栽培，不能与辣椒、番茄、马铃薯等茄科作物连作，要与茄科蔬菜轮作 3 年以上。在茄子定植前 15~20d，翻耕深 27~30cm，作成 1.3~1.7m 宽的畦。武汉地区也有作 3.3~4m 宽的高畦，在畦上开横行栽植。

茄子是高产耐肥作物，多施肥料对增产有显著效果。苗期多施磷肥，可以提早结果。结果期间，需氮肥较多，充足的钾肥可以增加产量。一般每亩施猪粪或人粪尿 2 000~2 500kg，垃圾 70~80 担，过磷酸钙 15~25kg，草木灰 50~100kg，在整地时与土壤混合，但也可以进行穴施。

（2）播种育苗　播种育苗的时间，要看各地气候、栽培目的与育苗设备来定。南昌地区一般在 11 月上中旬利用温床播种，用温床或冷床移植。如用工厂化育苗可在 2 月上中旬播种。播种前宜先浸种，播干种则发芽慢，且出苗不整齐。

茄子种子发芽的温度，一般要求在 25~30℃。经催芽的种子播下后 3~4d 就可出土。茄子苗生长比番茄、辣椒都慢，所以需要较高的温度。育茄子苗的温床，宜多垫些酿热物，晴天日温应保持 25~30℃，夜温不低于 10℃。

苗床增施磷肥，可促进幼苗生长及根系发育。幼苗生长初期，需间苗 1~2 次，保持苗距 1~3cm，当苗长有 3~4 片真叶时移苗假植，此后施稀薄腐熟人粪尿 2~3 次，以培育壮苗。

（3）定植　茄子要求的温度比番茄、辣椒要高些，所以定植稍迟。南昌地区一般要到 4 月上中旬进行。为了使秧苗根系不受损伤。起苗前 3~4h 应将苗床浇透水，使根能多带土。定植要选在没有风的晴天下午进行。定植深度以表土与子叶节平齐为宜，栽后浇上定根水。

栽植的密度与产量有很大关系。早熟品种宜密些，中熟品种次之，晚熟品种的行株距可以适当放大。其次与施肥水平的关系也很大，即肥料多可以栽稀些；肥料少要密一点，这样能充分利用光能，提高产量。一般在 80~100cm 宽的小畦上栽两行。早熟品种的行株距为 50cm×40cm，中晚熟品种为（70~80）cm×（43~50）cm。

（4）田间管理 ①追肥：茄子是高产的喜肥作物，它以嫩果供食用，结果时间长，采收次数多，故需要较多的氮肥、钾肥。如果磷肥施用过多，会促使种子发育，以致籽多，果易老化，品质降低，所以生长期的合理追肥是保证茄子丰产的重要措施之一。定植成活后，每隔 4~5d 结合浇水施 1 次稀薄腐熟人粪尿，催起苗架。当根茄结牢后，要重施 1 次人粪尿，每亩施 1 000~1 500kg。这次肥料对植株生长和以后产量关系很大，以后每采收 1 次，或隔 10d 左右追施人粪尿或尿素 1 次。施肥时不要把肥料浇在叶片或果实上，否则会引起病害发生并影响光合作用的进行。②排水与浇水：茄子既要水又怕涝，在雨季要注意清沟排水，发现田间积水，应立即排除，以防涝害及病害发生。茄子叶面积大，蒸发水分多，不耐旱，所以需要较多的水分。如土壤中水分不足，则植株生长缓慢，落花多，结果少，已结的果亦果皮粗糙，品质差，宜保持 80% 的土壤湿度，干时灌溉能显著增产。灌溉方法有浇灌、沟灌两种。地势不平的以浇灌为主，土地平坦的可行沟灌。沟灌的水量以低于畦面 10cm 为宜，切忌漫灌，灌水时间以清晨或傍晚为好，灌后及时把水排除。在山区水源不足，浇灌有困难的地方，为了保持土壤中有适当的水分，还可以采取用稻草、树叶覆盖畦面的方法，以减少土表水分蒸发。③中耕除草和培土：茄子的中耕除草和追肥是同时进行的。中耕除草后，让土壤晒白后要及时追上稀薄的人粪尿。中耕还能提高土温，促进幼苗生长，减少养分消耗。中耕中期可以深些，5~7cm，后期宜浅些，约3cm。当植株长到30cm高时，中耕可结合培土，把沟中的土培到植株根际。对于植株高大的品种，要设立支柱，以防大风吹歪或折断。④整枝，摘老叶：茄子的枝条生长及开花结果习性相当有规则，所以整枝工作不多。一般将靠近根部的过于繁密的3~4个侧枝除去。这样可免枝叶过多，增强通风，使果实发育良好，不利于病虫繁殖生长。但在生长强健的植株上，可以在主干第1花序下的叶腋留1~2条分枝，以增加同化面积及结果数目。

茄子的摘叶比较普遍，南昌、南京、上海、杭州、武汉等地的菜农认为摘叶有防止落花、果实腐烂和促进结果的作用。尤其在密植的情况下，为了早熟丰产，摘除一部分老叶，使通风透光良好，并便于喷药治虫。⑤防止落花：茄子落花的原因很多，主要是光照微弱、土壤干燥、营养不足、温度过低及花器构造上有缺陷。

防止落花的方法可参照南昌市蔬菜所试验，在茄子开花时，喷施50mg/kg（即1mL溶液加水200g）的水溶性防落素效果很好。又据浙江大学农学院蔬菜教研室在杭州用藤茄做的试验说明，防止4月下旬的早期落花，可以用生长刺激剂处理，其方法是用30mg/kg的2, 4-D点花。经处理后，防止了落花，并提早9d采收，增加了早期产量。

三、辣椒

辣椒，又叫番椒、海椒、辣子、辣角、秦椒等，是辣椒属茄科一年生草本植物。果实通常呈圆锥形或长圆形，未成熟时呈绿色，成熟时变成鲜红色、黄色或紫色，以红色最为常见。辣椒的果实因果皮含有辣椒素而有辣味，能增进食欲。辣椒中维生素 C 的含量在蔬菜中居第一位。

辣椒原产于中南美洲热带地区，是喜温的蔬菜。15 世纪末，哥伦布发现美洲之后把辣椒带回欧洲，并由此传播到世界其他地方。于明代传入中国。清陈淏子之《花镜》有番椒的记载。今中国各地普遍栽培，成为一种大众化蔬菜，其产量高，生长期长，从夏到初霜来临之前都可采收，是我国北方地区夏、秋淡季的主要蔬菜之一。

（一）露地栽培

早春育苗，露地定植为主。

（1）种子处理 要培育长龄壮苗，必须选用粒大饱满、无病虫害，发芽率高的种子。育苗一般在春分至清明。将种子在阳光下暴晒 2d，促进后熟，提高发芽率，杀死种子表面携带的病菌。用 300~400 倍的高锰酸钾液浸泡 20~30min，以杀死种子上携带的病菌。反复冲洗种子上的药液后，再用 25~30℃的温水浸泡 8~12h。

（2）育苗播种 苗床做好后要灌足底水。然后撒薄薄一层细土，将种子均匀撒到苗床上，再盖一层 0.5~1cm 厚的细土覆盖，最后覆盖小棚保湿增温。

（3）苗床管理 播种后 6~7d 就可以出苗。70%小苗拱土后，要趁叶面没有水时向苗床撒细土 0.5cm 厚。以弥缝保墒，防止苗根倒露。苗床要有充分的水供应，但又不能使土壤过湿。辣椒高度到 5cm 时就要给苗床通风炼苗，通风口要根据幼苗长势以及天气温度灵活掌握，在定植前 10d 可露天炼苗。幼苗长出 3~4 片真叶时进行移植。

（4）定植 在整地之后进行。种植地块要选择在近几年没有种植茄果蔬菜和黄瓜、黄烟的春白地。刚刚收过越冬菠菜的地块也不好。定植前 7d 左右，每亩地施用土杂肥 5 000kg，过磷酸钙 75kg，碳酸氢铵 30kg 作基肥。定植的方法有两种：畦栽和垄栽。主要是垄作双行密植。即垄距 85～90cm，垄高 15～17cm，垄沟宽 33～35cm。施入沟肥，撒均匀即可定植。株距 25～26cm，呈双行，小行距 26～30cm。错埯栽植，形成大垄双行密植的格局。

（5）田间管理　苗期应蹲苗，进入结果期至盛果期，开始肥水齐攻。盛果期后旱浇涝排，保持适宜的土壤湿度。在定植 15d 后追磷肥 10kg，尿素 5kg，并结合中耕培土高 10～13cm，以保护根系防止倒伏。进入盛果期后管理的重点是壮秧促果。要及时摘除门椒，防止果实坠落引起长势下衰。结合浇水施肥，每亩追施磷肥 20kg，尿素 5kg，并再次对根部培土。注意排水防涝。要结合喷施叶面肥和激素，以补充养分和预防病毒。

（6）及时采收　果实充分长大，皮色转浓绿，果皮变硬而有光泽时是商品性成熟的标志。

（二）辣椒的春提前保护地栽培

（1）育苗　选用早熟、丰产、株形紧凑、适于密植的品种是辣椒大棚栽培早熟的关键。可选用：农乐、中椒 2 号、甜杂 2 号、津椒 3 号、早丰 1 号、早杂 2 号等。播种期一般在 1 月上旬至 2 月上旬。

（2）定植　在 4—5 月。可畦栽也可垄栽，双行定植。选择晴天上午定植。由于棚内高温高湿，辣椒大棚栽培密度不能太大，过密会引起徒长，光长秧不结果或落花，也易发生病害，造成减产。为便于通风，最好采用宽窄行相间栽培，即宽行距 66cm，窄行距 33cm，株距 30～33cm，每亩 4 000 穴左右，每穴双株。

（3）定植后的管理　定植时浇水不要太多，棚内白天温度 25～28℃，夜间以保温为主。4～5d 后，浇 1 次缓苗水，连续中耕 2 次，即可蹲苗。开花坐果前土壤不干不浇水，待第一层果实开始收获时，要供给大量的肥水，辣椒喜肥、耐肥，所以追肥很重要。多追有机肥，增施磷钾肥，有利于丰产并能提高果实品质。盛果期再追肥灌水2~3次。在撤除棚膜前应灌1次大水。此外还要及时培土，防倒伏。

（4）保花保果及植株调整 为提高大棚辣椒坐果率，可用生长素处理，保花保果效果较好。2，4-D质量分数为15~20mg/kg。10时以前抹花效果比较好。扣棚期间共处理4~5次。辣椒栽培不用搭架，也不需整枝打杈，但为防止倒伏对过于细弱的侧枝以及植株下部的老叶，可以疏剪，以节省养分，有利于通风透光。

第三节 绿叶菜类蔬菜

一、芹菜

芹菜，别名旱芹、药芹，伞形科二年生蔬菜，原产于地中海沿岸的沼泽地带。芹菜在我国南北方都有广泛栽培，在叶菜类中占有重要地位。芹菜含有丰富的矿物盐类、维生素和挥发性的特殊物质，叶和根可提炼香料。

（一）茬口安排

芹菜最适宜于春、秋两季栽培，而以秋栽为主。因幼苗对不良环境有一定的适应能力，故播种期不严格，只要能避过先期抽薹，并将生长盛期安排在冷凉季节就能获得优质丰产。江南从2月下旬至10月上旬均可播种，周年供应；北方采用保护地与露地多茬口配合，亦能周年供应。

（二）日光温室秋冬茬芹菜栽培技术

1. 育苗

（1）播种 宜选用实心品种。定植每亩需200g种子、

50m² 左右的育苗床。苗床宜选择地势高燥、排灌便利的地块，做成 1.0 ~ 1.5m 宽的低畦。种子用 5mg/L 的赤霉素或 1 000mg/L 的硫脲浸种 12h 后掺沙撒播。播前把苗床浇透底水，播后覆土厚度不超过 0.5cm，搭花阴或搭遮阴棚降温，亦可与小白菜混播。播后苗前用 25%除草醚可湿性粉剂 11.25~15kg/hm² 对水 900~1 500kg喷洒。

（2）苗期管理　出苗前保持畦面湿润，幼苗顶土时浅浇一次水，齐苗后每隔 2~3d 浇一小水，宜早晚浇。小苗长有 1~2 片叶时覆一次细土并逐渐撤除遮阴物。幼苗长有 2~3 片叶时间苗，苗距 2cm 左右，然后浇一次水。幼苗长有 3~4 片叶时结合浇水追施少量尿素（75kg/hm²），苗高 10cm 时再随水追一次氮肥。苗期要及时除草。当幼苗长有 4~5 片叶、株高 13~15cm 时定植。

2. 定植

土壤翻耕、耙平后先做成 1m 宽的低畦，再按畦施入充分腐熟的粪肥 45 000~75 000kg/hm²，并掺入过磷酸钙 450kg/hm²，深翻 20cm，粪土掺匀后耙平畦面。定植前一天将苗床浇透水，并将大小苗分区定植，随起苗随栽随浇水，深度以不埋没菜心为度。定植密度：西芹 24~28cm，本芹 10cm。

3. 定植后管理

（1）肥水管理　缓苗期间宜保持地面湿润，缓苗后中耕蹲苗促发新根，7~10d 后浇水追肥（粪稀 15 000kg/hm²），此后保持地面经常湿润。20d 后随水追第二次肥（尿素 450kg/hm²），并随着外界气温的降低适当延长浇水间隔时间，保持地面见干见湿，防止湿度过大感病。

（2）温、湿度调控　芹菜敞棚定植，当外界最低气温降至 10℃ 以下时应及时上好棚膜。扣棚初期宜保持昼夜大通风；降早霜时夜间要放下底角膜；当温室内最低温度降至 10℃ 时，夜间关闭放风口。白天当温室内温度升至 25℃时开始放风，午后室温降至 15~18℃时关闭风口。当温室内最低温度降至 7~8℃时，夜间覆盖草苦防寒保温。

4. 采收

一般进行掰收。当叶柄高度达到 67cm 以上时陆续掰叶。掰叶前一天浇水，收后 3~4d 内不浇水，见心叶开始生长时再浇水追肥。春节前后可一次将整株收完，为早春果菜类腾地。

（三）露地秋茬芹菜栽培技术

露地秋茬芹菜育苗技术和定植方法、密度与日光温室秋冬茬芹菜的相似。前茬宜选择春黄瓜、豆角或茄果类，选择排灌便利的地块栽培芹菜。播种前对种子进行低温处理，可促进种子发芽。

露地秋茬芹菜定植后缓苗期间宜小水勤浇，保持地表湿润，促发根缓苗。缓苗后结合浇水追一次肥（尿素 150~225kg/hm^2），然后连续进行浅中耕，促叶柄增粗，蹲苗 10d 左右。此后一直到秋分前每隔 2~3d 浇一次水，若天气炎热则每天小水勤浇。秋分后株高 25cm 左右时，结合浇水追第二次肥（尿素 300~375kg/hm^2）。株高 30~40cm 以上时，随水追第三次肥并加大浇水量，地面勿见干。霜降后，气温明显降低，应适当减少浇水，否则影响叶柄增粗。准备储藏的芹菜应在收获前一周停止浇水。

培土软化芹菜，一般在苗高约 30cm 时进行，注意不要使植株受伤，不让土粒落入心叶之间，以免引起腐烂。培土一般在秋凉后进行，早栽的培土 1~2 次，晚栽的 3~4 次，每次培土高度以不埋没心叶为度。

准备冬储后上市的芹菜应在不受冻的前提下尽量延迟收获。芹菜株高 60~80cm，即可陆续采收。

二、菠菜

菠菜又称波斯草、赤根菜、红根菜，是藜科菠菜属绿叶蔬菜。以绿叶为主要产品器官。原产伊朗，目前世界各国普遍栽培。在我国分布很广，是南北各地普遍栽培的秋、冬、春季的主要蔬菜之一。

（一）茬口安排

菠菜在日照较短和冷凉的环境条件有利于叶簇的生长，而不利于抽薹开花。菠菜栽培的主要茬口类型有：早春播种，春末收获，称春菠菜；夏播秋收，称秋菠菜；秋播翌春收获，称越冬菠菜；春末播种，遮阳网、防雨棚栽培，夏季收获，称夏菠菜。大多数地区菠菜的栽培以秋播为主。

（二）土壤的准备

播种前整地深25~30cm，施基肥，作畦宽1.3~2.6m，也有播种后即施用充分腐熟粪肥，可保持土壤湿润和促进种子发芽。

（三）种子处理和播种

菠菜种子是胞果，其果皮的内层是木栓化的厚壁组织，通气和透水困难。为此，在早秋或夏播前，常先进行种子处理，将种子用凉水浸泡约12h，放在4℃条件下处理24h，然后在20~25℃条件下催芽，或将浸种后的种子放入冰箱冷藏室中，或吊在水井的水面上催芽，出芽后播种。菠菜多采用直播法，以撒播为主，也有条播和穴播的。在9—10月播种，气温逐渐降低，可不进行浸种催芽，每公顷播种量为50~75kg。在高温条件下栽培或进行多次采收的，可适当增加播种量。

（四）施肥

菠菜发芽期和初期生长缓慢，应及时除草。秋菠菜前期气温高，追肥可结合灌溉进行，可用20%左右腐熟粪肥追肥；

后期气温下降浓度可增加至40%左右。越冬的菠菜应在春暖前施足肥料，在冬季日照减弱时应控制无机肥的用量，以免叶片积累过多的硝酸盐。分次采收的，应在采收后追肥。

（五）采收

秋播菠菜播种后30d左右，株高20~25cm可以采收。以后每隔20d左右采收1次，共采收2~3次，春播菠菜常1次采收完毕。

三、莴苣

莴苣包括茎用莴苣和叶用莴苣。茎用莴苣是以其肥大的肉质嫩茎为食用部位，嫩茎细长有节似笋，因此俗称莴笋或莴苣笋。莴笋去皮后，笋肉水多质嫩，风味鲜美，深受人民的喜爱。叶用莴苣又名生菜，以生食叶片为主，又分为散叶生菜和结球生菜。叶用生菜含有大量的维生素和铁质，具有一定的医疗价值。叶用莴苣在西餐中作为色拉冷盘食用，栽培和食用非常广泛，有些国家将黄瓜、番茄和莴苣称之为保护地三大蔬菜。

（一）露地莴苣栽培技术

1. 莴苣栽培技术

（1）春莴苣　①播种期：在一些露地可以越冬的地区常实行秋播，植株在6~7片真叶时越冬。春播时，各地播种时间比早甘蓝稍晚些，一般均进行育苗。②育苗：播种量按定植面积播种1kg/hm² 左右，苗床面积与定植面积之比约为1:20。出苗后应及时分苗，保持苗距4~5cm。苗期适当控制浇水，使叶片肥厚、平展，防止徒长。③定植：春季定植，一般在终霜前10d左右进行。秋季定植，可在土壤封冻前1个月的时期进行。定植时植株带6~7cm长的主根，以利缓苗。定植株行距分别为30~40cm。④田间管理：秋播越冬栽培者，定植后应控制水分，以促进植株发根，结合中耕进行蹲苗。土地封冻以前用马粪或圈粪盖在植株周围保护茎以防受冻，也可结合中耕培土围根。返青以后要少浇水多中耕，植株"团棵"时应施一次速效性氮肥。长出两个叶环时，应浇水并施速效性氮肥与钾肥。⑤收获：莴苣主茎顶端与最高叶片的叶尖相平时（'平口'）为收获适期，这时茎部已充分肥大，品质脆嫩，如收获太晚，花茎伸长，纤维增多，肉质变硬甚至中空。

（2）秋莴苣　秋莴苣的播种育苗期正处高温季节，昼夜温差小，夜温高，呼吸作用强，容易徒长，同时播种后的高温长日照使莴苣迅速花芽分化而抽薹，所以能否培育出壮苗及防止未熟抽薹是秋莴苣栽培成败的关键。

选择耐热不易抽薹的品种，适当晚播，避开高温长日期间。培育壮苗，控制植株徒长。定植时植株日历苗龄在25d左右，最长不应超过30d，4~5片真叶大小。注意肥水管理，防止茎部开始膨大后的生长过速，引起茎的品质下降。为防止莴苣的未熟抽薹，可在莴苣封行，基部开始肥大时，用500~1 000mg/kg的MH或600~1 000mg/kg的CCC喷叶面2~3次，可有效抑制薹的抽长，增加茎重。

2. 结球莴苣栽培技术

结球莴苣耐寒和耐热能力都较弱，主要安排在春、秋两季栽培。春茬在2—4月，播种育苗。秋季在8月育苗。3片真叶时进行分苗，间距6cm×6cm。5~6片叶时定植，株行距各25~30cm。栽植时不易过深，以避免田间发生叶片腐烂。缓苗后浇1~2次水，并结合中耕。进入结球期后，结合浇水，追施硫酸铵200~300kg/hm²。结球前期要及时浇水，后期应适当控水，防止发生软腐和裂球。

春季栽培时，结球莴苣花薹伸长迅速，收获太迟会发生抽薹，使品质下降。结球莴苣质地嫩，易碰伤和发生腐烂，采收时要轻拿轻放。

（二）保护地莴苣栽培

根据栽培地的特点以及保护地的不同类型，不同的栽培季节所创造的温度条件，合理地安排育苗和定植期是非常重要的。如以大棚栽培来说，东北部地区，应在3月中下旬定植，4月中下旬收获；东北中南部，3月上旬定植，4月上中旬采收。

1. 叶用莴苣的保护地栽培

（1）莴苣育苗技术　①种子处理：播种可用干籽，也可用浸种催芽。用干籽播种时，播种前用相当于种子重量0.3%的75%百菌清粉剂拌种，拌后立即播种，切记不可隔夜。浸种催芽时，先用20℃左右清水浸泡3~4h，搓洗捞出后控干水，装入纱布袋或盆中，置于20℃处催芽，每天用清水淘洗一次，同样控干继续催芽，2~3d可出齐。夏季催芽时，外界气温过高，要置于冷凉地方或置于恒温箱里催芽，温度控制在15~20℃。②播种：选肥沃沙壤土地，播前7~10d整地，施足底肥。栽培田需要苗床6~10m²/亩，用种30~50g。苗床施过筛粪肥10kg/10m²，硫酸铵0.3kg、过磷酸钙0.5kg和氯化钾0.2kg，也可用磷酸氢二铵或氮磷钾复合肥折算用量代替。整平作畦，播前浇足水，水渗后，将种子混沙均匀撒播，覆土0.3~0.5cm。高温时期育苗时，苗床也需遮阴防雨。③播后及苗期管理。播后保持20~25℃，畦面湿润，3~5d可出齐苗。出苗后白天18~20℃，夜间1~8℃。幼苗在两叶一心时，及时间苗或分苗。间苗苗距3~5cm；分苗在5cm×5cm的塑料营养钵中。间苗或分苗后，可用磷酸二氢钾喷或随水浇一次。苗期喷1~2次75%百菌清或甲基托布津防病。苗龄期在25~35d长有4~5片真叶时定植。

（2）定植后田间管理　定植后一般分2~3次追肥。定植后7~10d结合浇水追肥，一般追速效肥。早熟种在定植后15d

左右，中晚熟种在定植后 20~30d，进行一次重追肥，用硝酸铵 10~15kg/亩。以后视情况再追一次速效氮肥。

结球莴苣根系浅，中耕不宜深，应在莲座期前中耕 1~2次，连座期后基本不再中耕。

（3）采收　结球莴苣成熟期不一致，要分期采收，一般在定植后35~40d 即可采收。采收时叶球宜松紧适中，成熟差的叶球松，影响产量；而收获过晚，叶球过紧容易爆裂和腐烂。收割时，自地面割下，剥除地面老叶，若长途运输或储藏时要留几片外叶来保护主球及减少水分散失。

2. 茎用莴苣（莴笋）的保护地栽培

莴苣育苗和定植可参照结球莴苣的方式进行。定植缓苗后要先蹲苗后促苗。一般是在缓苗后及时浇一次透水，接着连续中耕 2~3 次，再浇一次水，然后再中耕，直到莴笋的茎开始膨大时结束蹲苗。

在缓苗后结合缓苗水追肥一次，当嫩茎进入旺盛生长期再追肥一次，每次追施硝酸铵 10~15kg。在嫩茎膨大期可用 500~1 000mg/L 青鲜素进行叶面喷洒一次，在一定程度上能抑制莴苣抽薹。莴苣成熟时心叶与外叶最高叶一齐，株顶部平展，俗称"平口"。此时嫩茎已长足，品质最好，应及时收获。生长整齐 2~3 次即可收完，用刀贴地割下，顶端留下 4~5 片叶，其他叶片去掉，根部削净上市。

第四节　葱蒜类蔬菜栽培

一、韭菜

韭菜，别名起阳草，原产于我国，为百合科多年生宿根蔬菜。从东北到华南，普遍栽培。一次播种后，可以收割多年。除采收青韭外，还可以采收韭薹及软化栽培的韭黄。近年来韭菜设施栽培发展也很迅速，在调节淡季供应中占有重要地位。

（一）栽培季节与繁殖方式

韭菜适应性广又极耐寒，长江以南地区可周年露地栽培，长江以北地区韭菜冬季休眠，可利用各种设施进行设施栽培，供应元旦、春节及早春市场。长江流域一般春播秋栽，华南地区一般秋播次春定植。

韭菜的繁殖方式有两种：一种是用种子繁殖，直播或育苗移栽；另一种是分株繁殖，但生命力弱，寿命短，长期用此法，易发生种性退化现象。

（二）直播或育苗

1. 播种期

从早春土壤解冻一直到秋分可随时播种，而以春播的栽培效果为最好。春播的养根时间长，并且春播时宜将发芽期和幼苗期安排在月均温在 15℃ 左右的月份里，有利于培育壮苗。夏至到立秋之间，炎热多雨，幼苗生长细弱，且极易孳生杂草，故不宜在此期育苗。秋播时应使幼苗在越冬前有 60 余天的生长期，保证幼苗具有 3~4 片真叶，使幼苗能安全越冬。

2. 播前准备

苗床宜选在排灌方便的高燥地块。整地前施入充分腐熟的粪肥，深翻细耙，做成 1.0~1.7m 宽的高畦。早春用干籽播种，其他季节催芽后播种。催芽时，用 20~25℃ 的清水浸种8~12h，洗净后置于 15~20℃ 的环境中，露芽后播种。

3. 播种方法

（1）播种育苗 干播时，按行距 10~12cm 开深 2cm 的浅沟，种子条播于沟内，耙平畦面，密踩一遍，浇明水。湿播时浇足底水，上底土后撒籽，播种后覆 2~3cm 厚的过筛细土。用种量为 7.5~10g/m²。

（2）直播 直播的一般采用条播或穴播。按 30cm 间距开宽 15cm、深 5~7cm 的沟，趟平沟底后浇水，水渗后条播，再覆土。用种量 3~4.5g/m²。

4. 苗期管理

湿播出苗后，畦面干旱时浇一小水或播后覆地膜增温保墒促出苗。干播出苗阶段应保持地面湿润。株高 6cm 时结合浇水追一次肥，以后保持地面湿润，株高 10cm 时结合浇水进行第二次追肥，株高 15cm 时结合浇水追第三次肥，每次追施碳酸铵 150~225kg/hm²。以后进行多次中耕，适当控水蹲苗，防倒伏烂秧。

（三）定植

春播苗于立秋前定植，秋播苗于翌春谷雨前定植。定植前结合翻耕，施入充分腐熟的粪肥 75 000kg/hm²，做成 1.2~1.5m 宽的低畦。定植前 1~2d 苗床浇起苗水，起苗时多带根抖净泥土，将幼苗按大小分级、分区栽植。

定植方法有宽垄丛植和窄行密植两种，前者适于沟栽，后者适于低畦。沟栽时，按 30~40cm 的行距、15~20cm 的穴距，开深 12~15cm 的马蹄形定植穴（此种穴形可使韭苗均匀分布，利于分蘖），每穴栽苗 20~30 株。该栽苗法行距宽，便于软化培土及其他作业，适于栽培宽叶韭。低畦栽，按行距 15~20cm、穴距 10~15cm 开马蹄形定植穴，每穴定植 8~10 株。由于栽植较密，不便进行培土软化，适于生产青韭。

定植深度以覆土至叶片与叶鞘交界处为宜，过深则减少分蘖，过浅易散撮。栽后立即浇水，促发根缓苗。

（四）定植当年的管理

定植当年以养根为主，不收青韭。定植后连浇 2~3 次水促缓苗。缓苗后中耕松土，并将定植穴培土防积水。秋分后每隔 5~7d 浇一次水，保持地面湿润。白露后结合浇水每 10d 左右追一次肥，每次用碳酸铵 $225kg/hm^2$。寒露后减少浇水，保持地面见干见湿，浇水过多会使植株贪青，叶中养分不能及时回根而降低抗寒力。立冬以后，根系活动基本停止，叶片经过几次霜冻枯黄凋萎，被迫进入休眠。上冻前应浇足稀粪水。

二、大葱

大葱为百合科葱属二年生，以假茎和嫩叶为产品的草本植物，在我国的栽培历史悠久，山东、河南、河北、陕西、辽宁、北京、天津等省（市）是大葱的集中产区，出现很多著名的大葱品种，如山东的章丘大葱等。大葱抗寒耐热，适应性强，高产耐储，可周年均衡供应。

1. 播种育苗

苗床宜选择土质疏松、有机质丰富的沙壤土，每亩施入腐熟农家肥 4 000~5 000kg，过磷酸钙 50kg，将整好的地做成 85~100cm 宽、600cm 长的畦，育苗面积与大田栽植面积的比例一般为 1：（8~10）。大葱播种一般可分平播（撒播）和条播（沟播）两种方式，撒播较普遍。采用当年新籽，每亩播种量3~4kg。苗期管理主要有间苗、除草、中耕、施肥和浇水。苗期追肥一般结合灌水进行，秋播育苗的，越冬前应控制水肥，结合灌冻水追肥，越冬期间结合保温防寒可覆盖粪土。返青后结合灌水追肥 2~3 次，每次每亩施尿素 10~15kg。春播苗从 4 月下旬开始第一次浇水施肥，到 6 月上旬要停止浇水施肥，进行蹲苗、炼苗，使葱叶纤维增加，增强抗风、抗病能力。于栽植前 10d 施肥浇水，此次施肥为移栽返青打下良好基础，因此也称这次肥为"送嫁"肥。当株高 30~40cm，假茎粗 1~1.5cm 时，即可定植。

2. 整地作畦，合理密植

每亩施入腐熟农家肥 2 500~5 000kg，耕翻整平后开定植沟，沟内再集中施优质有机肥 2 500~5 000kg，短葱白品种适于窄行浅沟，长葱白品种适于宽行深沟。合理密植是获得大葱高产、优质的重要措施。一般长葱白型大葱每亩栽植18 000~23 000 株，株距一般在4~6cm 为宜，短葱白型品种栽植，每亩栽植 20 000~30 000 株。

3. 田间管理

田间管理的中心是促根、壮棵和促进葱白形成，具体措施是培土软化和加强肥水管理。

(1) 灌水　定植后进入炎夏，恢复生长缓慢，植株处于半休眠状态，此时管理中心是促根，应控制浇水；气温转凉后，生长量增加，对水分需求多，灌水应掌握勤浇、重浇的原则，每隔 4~6d 浇 1 水；进入假茎充实期，植株生长缓慢，需水量减少，此时保持土壤湿润；收获前 5~7d 停止浇水，以利收获和储藏。

(2) 追肥　在施足基肥的基础上还应分期追肥。天气转凉，植株生长加快时，追施"攻叶肥"，每亩施腐熟农家肥 1 500~2 000kg、过磷酸钙 20~25kg，促进叶部生长；葱白生长盛期，应结合浇水追施"攻棵肥" 2 次，每亩施尿素 15~20kg、硫酸钾 10~15kg。

(3) 培土　大葱培土是软化其叶鞘，增加葱白长度的有效措施，培土高度以不埋住葱心为标准。在此前提下，培土越高，葱白越长，产量和品质也越好。培土开始时期是从天气转凉开始至收获，一般培土 3~4 次。

(4) 收获　大葱的收获应根据不同栽植季节和市场供应方式而定，秋播苗早植的大葱，一般以鲜葱供应市场，收获期在 9—10 月。春播苗栽植大葱，鲜葱供应在 10 月上旬收获，干储越冬葱在 10 月中旬至 11 月上旬收获。

三、洋葱

洋葱又名球葱、圆葱、玉葱、葱头，属百合科葱属二年生草本蔬菜植物。洋葱在我国分布很广，南北各地均有栽培，而且种植面积还在不断扩大，是目前我国主栽蔬菜品种之一。我国已成为洋葱4个主产国（中国、印度、美国、日本）之一。洋葱是一种保健食品，中医认为，洋葱性平，味甘、辛，具有健胃、消食、平肝、润肠、利尿、发汗的功能。现代医学研究发现，洋葱含挥发油、硫化物、类黄酮、甾体皂苷类和前列腺素类等化学成分。

1. 栽培季节

应根据当地的气候条件和栽培经验而定，江苏、山东及周边地区以9月上中旬播种为宜。晚熟品种可适当推迟4~5d。

2. 品种选择

所用品种应根据气候环境条件与栽培习惯进行选择。我国洋葱的主要出口国是日本，出口洋葱采用的品种一般由外商直接提供，现在在日本市场深受欢迎的品种有金红叶、红叶三号、地球等。徐淮地区主要栽培品种有港葱系列、红叶三号、地球等。

3. 播种育苗

栽培地应选在地力较好、地势平坦、水资源较好的地区。育苗畦宽1.7m，长30m（可栽植亩），播种前每畦施腐熟农家肥200kg，用30mL 50%辛硫磷乳油加0.5kg麸皮，拌匀后撒在农家肥上防治地下害虫。再翻地，将畦整平，踏实，灌足底水，水渗后播种，每亩大田需种子120~150g，播后覆土1cm左右，然后加覆盖物遮阴保墒。苗齐后浇1次水，以后尽量少浇水。苗期可根据苗情适当追肥1~2次，并进行人工除草，定植前半个月适当控水，促进根系生长。

4. 定植

（1）整地施肥与作畦 整地时要深耕，耕翻的深度不应少于 20cm，地块要平整，便于灌溉而不积水，整地要精细。中等肥力田块（豆茬、玉米等旱茬较好）每亩施优质腐熟有机肥 2t，磷酸氢二铵或三元复合肥 40～50kg 作底肥。栽植方式宜采用平畦，一般畦宽 0.9～1.2m（视地膜宽度而定），沟宽 0.4m，便于操作。

（2）覆膜 覆膜可提高地温，增加产量，覆膜前灌水，水渗下后每亩喷施田补除草剂 150mL。覆膜后定植前按 16cm×16cm 或 17cm×17cm 株行距打孔。

（3）选苗 选择苗龄 50～60d，直径 5～8mm，株高 20cm，有 3～4 片真叶的壮苗定植。苗径小于 5mm，易受冻害，苗径大于 9mm 时易通过春化引发先期抽薹。同时将苗根剪短到 2cm 长准备定植。

（4）定植 适宜定植期为"霜降"至"立冬"。定植时应先分级，先定植标准大苗，后定植小苗，定植深浅度要适宜，定植深度以不埋心叶、不倒苗为度，过深鳞茎易形成纺锤形，且产量低，过浅又易倒伏，以埋住苗基部 1～2cm 为宜。一般亩定植 2.2 万～2.6 万株，栽后再灌足水，浇水以不倒苗、畦面不积水为好。水渗下后查苗补苗，保证苗全苗齐。

5. 定植后管理

（1）适时浇水 定植后的土壤相对湿度应保持在 60%～80%，低于 60% 则需浇水。浇水追肥还应视苗情、地力而定，肥水管理应掌握"年前控，年后促"的原则，一般应"小水勤灌"。冬前管理简单，让其自然越冬。在土壤封冻前浇 1 次封冻水，次年返青时及时浇返青水，促其早发。鳞茎膨大期浇水次数要增加，一般 6～8d 浇 1 次，地面保持见干见湿为准，便于鳞茎膨大。收获前 8～10d 停止浇水，有利于储藏。

（2）巧追肥 关键肥生长期内除施足基肥外，还要进行追肥，以保证幼苗生长。①返青期：随浇水追施速效氮肥，促苗早发，每亩追尿素 15kg、硫酸钾 20kg 或追 48%三元复合肥 30kg。②植株旺盛生长期：洋葱 6 叶 1 心时即进入旺盛生长期，此时需肥量较大，每亩施尿素 20kg，加 45%氮磷钾复合肥 20kg，可以满足洋葱旺盛生长期对养分的需求。③鳞茎膨大期：洋葱地上部分达封 9 片叶时即进入鳞茎膨大期，植株不再增高，叶片同化物向鳞茎转移，鳞茎迅速膨大，此期又是一个需肥高峰，特别是对磷、钾肥的需求明显增加。实践证明，每亩施 30kg 45%氮磷钾复合肥，可保证鳞茎的正常膨大。

四、大蒜

大蒜别名蒜、胡蒜。属百合科葱中以鳞芽构成鳞茎的栽培种，一二年生蔬菜。以其蒜头、蒜薹、蒜黄、嫩叶（青蒜或称蒜苗）为主要产品供食用。

1. 栽培季节与茬口安排

适宜的栽培季节确定，是获得蒜薹和蒜头双丰收的重要措施，栽培季节要根据大蒜不同生育期对外界条件的要求以及各地区的气候条件来定。

大蒜可春播或秋播，在北纬 38°以北地区，冬季严寒，幼苗露地越冬困难宜春播；北纬 35°~38°地区，可根据当地气温及覆盖栽培与否，确定春播还是秋播。一般在冬季月平均温度低于-5°的地区，以春播为主。春播宜早，一般在日平均温度达 3~6℃时，土壤表层解冻，可以操作，即应播种。

秋季播种大蒜，幼苗有较长的生长期。与春播大蒜相比，秋播延长了幼苗生育期，蒜头和蒜薹产量都较高。因此，凡幼苗能露地安全越冬的地区和品种，都应进行秋播。在秋播地区，适宜播种的日均温度为 20~22℃，应使幼苗在越冬前长有 4~5 片叶时，以利幼苗安全越冬。一般华北地区的播种期在 9

月中下旬，秋播不可过早，否则植株易衰老，蒜头开始肥大后不久，植株枯黄，产量下降；亦不可过迟，否则蒜苗生长期短，冬前幼苗小，抗寒力弱，不能安全越冬，而且由于生长期短，影响蒜头产量。

大蒜忌与葱、韭菜等百合科作物连作，应与非葱蒜类蔬菜轮作3~4年。春播大蒜多以白菜、秋番茄和黄瓜等蔬菜为前茬，冬季休闲后播种。秋播大蒜，以豆类、瓜类、茄果类、马铃薯、玉米和水稻等作物为前茬。

2. 品种选择

大蒜多选用薹、蒜两用品种，根据各地的生态条件，选择适宜的生态型品种，宜选用抗病虫、高产、优质、耐热、抗寒的品种。

3. 整地施肥

大蒜的根吸水肥能力较弱，故要选择土壤疏松、排水良好、有机质含量丰富的田块，要求精细整地，深耕细耙，施足底肥、整平畦面。秋播地一般深耕15~20cm，结合深耕施腐熟、细碎的有机肥，并配施磷、钾肥后，及时翻耕，耙平作畦，畦宽1.3~1.7m，畦长以能均匀灌水为度，挖好排水沟。在整地作畦时，地表面一定要土细平整、松软，不能有大土块和坑洼。

4. 选种及种瓣处理

大蒜属无性繁殖蔬菜，其播种材料是蒜瓣。播种前选种是取得优质、高产的重要环节之一。播前进行选头选瓣，应选择蒜头圆整、蒜瓣肥大、色泽洁白、顶芽肥壮，无病斑，无伤口的蒜瓣做种。种蒜大小对产量影响很大，大瓣种蒜储藏养分多，发根多，根系粗壮且幼芽粗，鳞芽分化早，生产出的新蒜头大瓣比例高，蒜头重，蒜薹、蒜头产量高，种蒜效益也可以提高。但种瓣并不是越大越好，选瓣时应按大（5g以上）、中

(4g)、小（3g 以下）分级，分畦播种，分别管理，应选用大、中瓣作为蒜薹和蒜头的播种材料，过小的不用。选瓣时去除蒜蹲（即干缩茎盘）。

5. 播种

大蒜株形直立，叶面积小，适于密植。蒜薹和蒜头的产量是由每亩株数、单株蒜瓣数和薹重、瓣重三者构成的，合理的播种密度是大蒜优质高产的关键。密度的大小与品种特点、种瓣大小、播期早晚、土壤肥力、肥水条件及栽培目的等多种因素有关。在一定密度范围内，加大密度可提高单位面积蒜头、蒜薹的产量，超过一定密度范围后，随着密度的增加，蒜头会减小，小蒜瓣比例增多，蒜薹变细，商品质量下降。

大蒜播种的最适时期是使植株在越冬前长到 5~6 片叶。此时植株抗寒力最强，在严寒冬季不致被冻死，并为植株顺利通过春化打下良好基础。大蒜播种方法有两种：一种是插种，即将种瓣插入土中，播后覆土，踏实；另一种是开沟播种，即用锄头开一浅沟，将种瓣点播土中。开好一条沟后，同时开出的土覆在前一行种瓣上。播后覆土厚度 2cm 左右，用脚轻度踏实，浇透水。播种密度行距 20~23cm，株距 10~12cm。沟的深度以 3~5cm 为宜，不能过深或过浅。

大蒜播种深浅与覆土的厚薄和植株生长发育、蒜头产量有密切关系，一般深 2~3cm。播种过深，出苗迟，假茎过长，根系吸水肥多，生长过旺，蒜头形成受到土壤挤压难以膨大；播种过浅，种瓣覆土浅，出苗时容易"跳瓣"，幼苗期容易根际缺水，根系发育差，越冬时易受冻死亡，而且蒜头容易露出地面，受到阳光照射，蒜皮容易粗糙，组织变硬、颜色变绿，降低蒜头的品质。

6. 田间管理

大蒜播种后的田间管理，要以不同生育期而定。

春播大蒜萌芽期，若土壤湿润，一般不浇水，以免降低地温和土壤板结，影响出苗。秋播大蒜根据墒情决定浇水与否，若墒情不好，播后可浇1次透水，土壤板结前再浇一次小水促出苗，然后中耕疏松表土。

春播大蒜出苗后要少灌水，以中耕、保墒提高地温为主，一般于"退母"前开始灌水追肥。秋播大蒜出苗后冬前控水，以中耕为主，促进扎根。4~5片叶时结合浇水追施尿素。封冻前适时浇冻水，北方寒冷地区还需要盖草防冻，保证幼苗安全越冬。立春后，当气温稳定在1~2℃以上时要及时逐渐清除覆草，然后浅中耕，浇返青水并追肥，每次浇水后及时中耕保墒。

蒜薹伸长期是大蒜植株旺盛生长期，也是水肥管理的主要时期，应保持土壤湿润，当基部的1~4片叶开始出现黄尖时及时浇1次水，并适当追肥，使植株及时得到营养补给，促进蒜薹和鳞芽的生长。一般4~5d灌水1次，保持地面湿润。于"露苞"时结合灌水追肥1次，大水大肥促薹、促芽、催秧，使假茎上下粗度一致，采薹前3~4d停止浇水，以免脆嫩断薹。

采薹后大蒜叶的生长基本停止，其功能持续2周后开始枯黄脱落，根系也逐渐失去吸收功能，要及时补充土壤水分，并追施1次催头肥，延长叶、根寿命，防止植株早衰，促进鳞茎充分膨大。以后每隔3~5d浇1次水，收蒜头前1周停水，以防湿度过大造成散瓣，同时有利于起蒜，提高蒜头的耐储性。

第五节　食用菌

一、平菇栽培技术

1. 品种选择

栽培平菇，目前几乎全部是利用自然气温，从播种至采收完，需 3~4 个月，可收 3~6 批菇。通过品种的合理搭配，一年四季均可栽培，实现平菇的周年化生产。春秋季出菇采用中温和广温品种，如高丰 428、丰平 2 号等；夏季出菇采用高温品种，如夏平 1 号、夏丰 10 号，等等；冬季出菇采用广温和低温品种，如 F05、黑优 59 等。

2. 培养料的调制

（1）栽培料配方

①棉籽壳 85%，米糠 10%，石膏粉 3%，磷肥 2%。

②棉籽壳 30%，稻草 50%，米糠 15%，石膏粉 3%，磷肥 2%。

③稻草 50%，杂木屑 32%，米糠 15%，石膏粉 2%，磷肥 1%。

④稻草 80%，米糠 16%，石膏粉 2%，磷肥 2%。

以上配方中均可添加适量食用菌增产素及克霉灵，栽培效果更好。稻草一般用 3% 澄清石灰水或清水浸泡软化后沥去多余水分，切成 7~10m 长使用。

（2）配拌原料 确定好配方后，称取各种所需原料，将原料充分拌匀后加水，料水比为 1∶（1.1~1.4），增产素和克霉灵须溶于水中加入。以上培养料必须反复拌匀，使各种配料、药品及水分均匀分布。培养料的含水量应达到 60%~65%，即用手紧握培养料，手指间有水印而不滴水。

3. 袋装

采用 24cm×50cm×0.025cm 食用菌专用筒膜作栽培容器，塑料袋一头应先用塑料绳活结扎紧然后装料，培养料边装边压紧，每袋装干料量 1kg，装好后上端袋口先套上颈圈，用牛皮纸和橡皮圈封口，下端袋口解除活结同样改用颈圈并封口，装好的料袋须轻拿轻放不能被硬物刺破。

4. 发菌管理

接种的栽培袋可在接种室就地发菌，也可搬入专门的栽培室发菌。栽培室要求保温、通风、避光、干燥、防鼠。春末、夏季、初秋栽培袋应分开摆放，秋末、冬季、初春应成堆摆放。栽培袋应经常检查，袋堆中央的温度不能超过33℃，并要定时翻堆。长有绿、青、黄、灰等颜色菌丝的菌袋属感染了杂菌，应及时移出栽培室处理。在一般情况下，栽培袋30d左右就可长满菌丝，满袋后即可转入出菇管理阶段。

5. 采收

采收时双手握住菇体基部轻轻拧下即可，注意清除袋口料面残体，通风干爽3~7d进行养菌，之后再行喷水管理催菇，结合喷施食用菌增产素效果更佳，几天后可形成第二批子实体，如此可出菇3~6批。

二、香菇

1. 播种期的安排

我国幅员辽阔，受气候条件的影响，季节性很强。各地香菇播种期应根据当地的气候条件而定。然后推算香菇栽培活动时间，应选用合适的品种，合理安排生产。或根据预定的出菇时间推算播种期。

2. 菌袋的培养

指从接完种到香菇菌丝长满料袋并达到生理成熟这段时间内的管理。菌袋培养期通常称为发菌期。

（1）发菌场地　可以在室内（温室）、阴棚里发菌，但要求发菌场地要干净、无污染源，要远离猪场、鸡场、垃圾场等杂菌滋生地，要干燥、通风、遮光等。进袋发菌前要消毒杀菌、灭虫，地面撒石灰。

（2）发菌管理　调整室温与料温向利于菌丝生长温度的

方向发展。气温高时要散热防止高温烧菌，低温时注意保温。翻袋时，用直径 1mm 的钢针在每个接种点菌丝体生长部位中间，离菌丝生长的前沿 2cm 左右处扎微孔 3~4 个；或者将封接种穴的胶粘纸揭开半边，向内折拱一个小的孔隙进行通气，同时挑出杂菌污染的袋。发菌场地的温度应控制在 25℃ 以下。夏季要设法把菌袋温度控制在 32℃ 以下。菌袋培养到 30d 左右再翻一次袋。在翻袋的同时，用钢丝针在菌丝体的部位，离菌丝生长的前沿 2cm 处扎第二次微孔，每个接种点菌丝生长部位扎一圈 4~5 个微孔。

由于菌袋的大小和接种点的多少不同，一般要培养 45~60d 菌丝才能长满袋。这时还要继续培养，待菌袋内壁四周菌丝体出现膨胀，形成皱褶和隆起的瘤状物，且逐渐增加，占整个袋面的 2/3，手捏菌袋瘤状物有弹性松软感，接种穴周围稍微有些棕褐色时，表明香菇菌丝生理成熟，可进菇场转色出菇。

3. 采后管理

整个一潮菇全部采收完后，要大通风一次，使菌棒表面干燥，然后停止喷水 5~7d。让菌丝充分复壮生长，待采菇留下的凹点菌丝发白，根据菌棒培养料水分损失确定是否补水。

当第二潮菇采收后，再对菌棒补水。以后每采收一潮菇，就补一次水。补水可采用浸水补水或注射补水。重复前面的催蕾出菇的管理方法，准备出第二潮菇。第二潮菇采收后，还是停水、补水，重复前面的管理，一般出 4 潮菇。

三、金针菇栽培技术

金针菇菌柄脆嫩，菌盖黏滑，美味可口，营养丰富。它的精氨酸和赖氨酸含量特别高，经常食用，可提高智力，特别是对儿童智力发育有良好的作用，日本把它称为"增智菇"。

1. 品种选择

金针菇的栽培品种较多，依菌盖及菌柄颜色，大致有黄色、黄白色、白色及纯白色四个类型，品种很多。一般来说，白色品种菇质较嫩，适合稍低的温度，其主栽品种有白金 1 号、白金 2 号等。

2. 栽培季节

自然季节栽培，一般 9—12 月制袋，10 月下旬至 3 月出菇。

3. 栽培袋的制作

（1）培养料配方　①棉籽壳 95%，玉米粉 3%，石灰 1%，糖 1%，硫酸镁适量。②棉籽壳 40%，杂木屑 38%，麦麸 20%，糖 1%，石膏 1%，硫酸镁适量。

以上配方中含水量均为 60%~65%。

（2）拌料　按配方称好各种原料反复拌匀，糖和硫酸镁应溶于水中后加入，基质中的含水量适宜，要求用手紧握培养料，手指间有水印而水不下滴。

（3）装袋　采用 17cm×36cm×0.025cm 聚乙烯筒膜，一头先用绳线扎紧后伸入袋内埋入料中，每袋装干料 0.3kg，上部袋口多余的塑料膜应折叠好，并压紧使之不能松散开。

（4）灭菌　可采用常压蒸煮法 100℃连续蒸 6~8h。

（5）接种　按无菌操作要求一头接入菌种，袋口照原样迅速折叠好，使杂菌不能侵入袋内。一般一瓶栽培种接 30~40 袋。

4. 发菌管理

栽培袋应置于保温、避光、干燥、清洁、防鼠的室内培养，在 20~25℃条件下，约 22d 可长满菌丝。发菌期间应经常检查杂菌，发现长有绿、青、黄、灰色等杂菌的菌袋应及时移出栽培室处理。

5. 出菇管理

菌丝长满袋后，应把折叠的袋口薄膜向上拉直呈筒状，菌袋竖立排列，用大薄膜覆盖保温催蕾，定时进行料面通风换气，并加强室内温差刺激，经常喷水保持料面潮润，要求空气湿度达到 85%～90%，约经 7d，菇蕾从料面密集长出，再经 7～10d，金针菇菌柄充分伸长菌盖未开伞时即可采收。

第四章　果树生态栽培技术

第一节　苹果

一、苹果育苗技术

苹果树育苗一般采用嫁接育苗，采用矮化砧或乔化砧，用
劈接法进行嫁接。

1. 砧木的选择

主要乔化砧木有山定子、海棠、楸子等。矮化砧主要有 M
系的 2、4、7、9、26、27 和 MM106；MAC 系的 1、9、10、
25、39、46 等。

2. 砧木的繁育

乔化砧一般用实生苗繁殖，矮化砧一般用扦插法繁殖。

3. 接穗的选择

接穗应选自性状优良、生长健壮、观赏价值或经济价值
高、无病虫害的成年苹果树。采用根颈部徒长枝或幼树枝条作
接穗，由于发育年龄小，嫁接后开花结果晚，寿命较长；采用
成年树树冠上部的枝条进行嫁接，接穗发育年龄大，嫁接后开
花结果早，与实生树相比寿命要短一些。

4. 嫁接技术

嫁接的成活与气温、土温、接穗和砧木的活性有密切关
系，嫁接时间的选择要根据天气条件、接穗的准备情况和嫁接

量的需求灵活掌握，一般春季嫁接在 2 月中下旬到 3 月上中旬，不能太早，气温稳定在 8℃以上为宜；秋季嫁接在 7 月下旬到 8 月底。嫁接方法春季一般采用劈接法，秋季采用嵌芽接法。

5. 嫁接后的管理

剪砧，春季嫁接的 15~20d 后检查成活后即可剪砧，秋季嫁接的可以到翌年的 2 月下旬到 3 月上旬进行，在嫁接芽上方 0.5cm 处剪除。

抹芽，接口下的芽要及早抹除，避免竞争养分。

灌水施肥，在生长较旺盛的 4—7 月，可以根据土壤墒情灌水 1~2 次，结合灌水进行施肥，每亩随灌水施入少量有机肥或 15~20kg 磷酸氢二胺。

中耕除草，在每次灌水或雨后要及时中耕，疏松土壤。要注意除草工作要尽早进行，锄草要锄净。

病虫害防治，剪砧后，果树幼苗生长迅速，要喷洒保护性药剂如石硫合剂防治病菌侵入，并防治毛虫；4—5 月防治毛虫、蚜虫、卷叶蛾等；5—7 月防治真菌病害侵入和落叶病。

二、苹果花果管理技术

1. 保花保果措施

防冻害和病虫保花，早春灌水、树干涂白、花期熏烟和树盘覆盖等措施防止晚霜对花器的伤害，同时注意加强金龟子和各种真菌病害的防治，保花保果。

加强授粉，首先保证足够的授粉树配置，授粉树配置比例不低于 15%，以 20%~25%为宜。每 4~6 亩果园放一箱蜜蜂或每亩果园放 60~150 只壁蜂，能显著提高授粉率。人工采集花粉，在开花后 1h，掺 100 倍滑石粉用喷粉器在清晨露水未干前站在上风头喷粉，盛花期喷粉 2 次效果较好。

花期喷肥和生长调节剂，盛花期喷洒 0.4%的尿素混合 0.3%的硼砂混合液，也可以在初花期和盛花期各喷洒 1 次 0.1%的尿素+0.3%的硼砂+0.4%的蔗糖+4%农抗 120 混合稀释 800 倍液，能显著提高坐果率。初花期和盛花期各喷 1 次 20mL 的益果灵（0.1%的噻苯隆可溶性液剂）加 15kg 水配置成的溶液，可显著提高坐果率、优果率和单果重。

2. 疏花疏果措施

花前复剪，在花芽萌动后到开花前对结果期的苹果树进行修剪。修剪内容主要是对外密处的枝（枝组）适当疏除过强或过弱的，使其多而不密，壮而不旺，合理负载，通风透光；冬剪时被误认是花芽而留下来的果枝和辅养枝，应进行短截或回缩，留作预备枝；冬剪漏剪的辅养枝，无花的可视其周围空间酌情从基部疏除，改善光照条件；冬剪时留得过长的枝，以梢弱顶端优势，控制旺长，或从基部变向扭别，缓和生长势，促生花芽；幼树自封顶枝，可破顶芽以促发短枝，培养枝组，促发中短枝；果台枝是有花的，可留壮，无花的可回缩破台，过旺的可从基部隐芽处短截，空间大的可截一放一；连续多年结果的枝，可回缩到中后部短枝或壮芽处，更新复壮；生长势弱的短果枝群疏弱芽，留壮芽更新复壮；破除全部大年结果树中长果枝顶花芽达到以花换花、平衡结果目的；对弱枝、弱花全疏，只保留健壮短果枝或少量中果枝顶花芽，对串花枝、腋花芽一律只保留 3~4 个花芽缩剪；小年结果树多中截中长枝，以枝换枝，控制次年花量，目的是次年不出现大年现象。

疏花的时期以花序分离到初花期均可进行，有开花前摘花蕾和开花后摘花两个时期。疏花的方法有摘边花和去花序两种，前者仅去除边花留中心花，后者是留发育好的花序，去除发育不良和位置不当的花序。在花期气候不稳定时采取疏花序的办法，以后再疏果。疏果最好在落花后一周开始，最迟要在落花后 25~30d 内，即 5 月中旬以前疏完为宜。疏花疏果的关键是抓"早"。在条件许可的情况下，要做到宁早勿晚，越早越好。

3. 果实套袋

在盛花后 1 个月内，结合疏果，全部完成果实的套袋。到果实采前 1 个月，去掉果实袋，促使果面上色。经套袋的果实，果面光洁，上色均匀。

4. 提高果实着色的措施

进入果实着色期后，对冠内徒长枝、长枝及细弱枝进行疏缩修剪，打通内膛光路。对生长旺盛的果台枝重剪，防止果台枝叶遮光。于采前 1 个月左右，在果树行间或冠下铺设反光膜，增加膛内光照，促使果实均匀上色。同时，将果台上的叶片及果台副梢基部的叶片全部摘除，同时扭转果实 30°~60°。半个月后，再进行 1 次转果，促使果实前后上色。

富士苹果果实生育期为 175~190d，在不遭受霜冻的前提，尽量延迟采收时期，促使果实充分上色。

三、病害防治技术

为害苹果枝、干、根的病害有：苹果树腐烂病、苹果树干腐病、立枯病、根癌病等；为害苹果树叶片的病害有：苹果褐斑病、灰斑病、轮斑病、黑星病、白粉病等；为害苹果树花和果实的病害主要有：苹果花腐病、煤污病、锈果病、蜜果病等；经常发生的缺素症有：黄叶病、小叶病、缩果病、苦痘病等。

第二节 梨

一、梨树育苗技术

梨树育苗一般采用嫁接育苗，一般采用"T"形芽接，较粗的根蘖苗，可采用腹接或切接。

1. 砧木的选择

杜梨又名棠梨、灰梨，生长旺盛、根深、适应性强、抗旱、耐涝、耐盐碱、为我国北方梨区的主要砧木。褐梨又名棠杜梨，根系强大，嫁接后树势生长旺盛，产量高，但结果晚，华北、东北山区应用较多。豆梨又名山棠梨、明杜梨，根系较深，抗腐烂病能力强，抗寒能力不及杜梨，能抗旱、抗涝，与沙梨及西洋梨亲和力强。秋子梨又名山梨，耐寒性强，对腐烂病、黑星病抵抗能力强，丰产，寿命长，我国东北及华北寒冷干燥的地区，常用作梨的砧木。砂梨抗涝能力强，根系发达，生长旺盛、抗寒、抗旱能力差，对腐烂病有一定的抵抗能力，是我国南方暖湿多雨地区的常用砧木。

2. 砧木的繁育

梨树砧木一般采用实生苗繁殖。9月下旬至10月上旬采集种子，经沙藏60~70d处理后，待播种。翌年3月下旬至4月上旬播种。

3. 接穗的选择

接穗应选择品种纯正、无病虫的7~8年生梨树，树冠中下部腋芽饱满的健壮枝。

4. 嫁接技术

嫁接梨树采用"T"形芽接，较粗的分蘖苗，可采用腹接或切接。秋接一般在小暑至大暑节气较好。如过早接，砧苗粗度小，根系不发达，成苗慢，达不到当年出圃要求；过迟接，虽然砧苗粗度大，接后成苗快，但生长期缩短，同样难以达到出圃要求。嫁接时剪砧留叶，砧高8~10cm，以利嫁接成活和快长。采用单芽切接法，选择枝条中部露白饱满芽2.5~3cm长作接穗芽，是秋接育苗成功的关键。剪接穗芽削面长1.2~1.5cm，背面斜削45°。切面，芽上部留0.5~0.7cm。然后再选砧木皮厚、光滑、纹顺的地方，在皮层内略带木质部处垂直切下 1.8~2.0cm 的切口，将接穗插入切口中，对准一边形成层，用塑料薄膜绑扎紧即可。

5. 嫁接后的管理

水分管理，接后要保持苗畦土壤湿润，一般 7~10d 灌水一次，傍晚灌水，早晨排干。

施肥锄草，一般接后 15~20d 施肥，亩施尿素 30~35kg，选择小雨天或雨后施或灌水后施，以免烧苗。应勤中耕锄草，每次灌水后或雨后及时中耕，防止杂草与苗木争夺养分。

病虫防治，重点防治黑星病、黑斑病、梨蚜虫等病虫。一般每 15d 防治一次，并加 0.2% 磷酸二氢钾、0.3% 尿素和 0.2% 硫酸钾结合进行根外追肥。

二、梨树土肥水管理技术

1. 土壤管理

土壤深翻熟化是梨树增产技术中的基本措施，在秋季果实采收后到初冬落叶前进行。其方法有扩穴、全园深翻、隔行或间株深翻。深翻深度一般以 30~40cm 为宜。

2. 施肥管理

施足基肥，在每年的秋季和早春及时开深 20~30cm 的放射状沟进行施肥，亩施优质粪肥 5 000kg、复合肥 100kg。

在梨树生长发育关键时期要根据需肥特性，及时追肥。每年在萌芽至开花前，为促进枝叶生长及花器发育，初结果树株施尿素 0.5kg，盛果期树株施 1~1.5kg，但树势旺时可不追肥。第 2 次于花后至新梢停长前追肥，促进新梢生长和叶片增大，提高坐果率及促进幼果发育。初结果树株施磷酸氢二铵 0.5kg，盛果期树株施 1kg。第 3 次于果实迅速膨大期追肥，株施 1~1.5kg 的三元复合肥或 1.5~2kg 的果树专用肥。

3. 水分管理

梨树是需水量比较大的果树，在生长的关键时期如没有降雨，要及时灌溉。萌芽期至5月下旬，萌芽开花和新梢速长，80%的叶面积要在此期形成；亮叶期至胚形成期（5—7月中旬），此时是光合作用最强的时期（幼树和旺树应当适当控水）；果实膨大期至采收（7月中旬至9月中旬），以促使果实膨大和花芽分化；采果后至落叶期（即9月中旬至11月），促进树体营养物质积累，提高花芽质量和增强越冬能力。即做好花前水、花后水、催果水和秋水的灌溉工作。

三、梨树花果管理技术

1. 加强授粉

人工授粉，温度在20~25℃，选择天气晴朗无风的条件下采集无病害、品质优的花粉，采后放置在阴凉干燥处保存，在开花后3d内完成。梨园放蜂技术参考苹果园放蜂技术。

2. 疏花疏果

花序伸出到初花期进行疏花，晚霜为害严重地区可以疏花，疏花量因品种、树势、水肥条件、授粉情况而定，旺树多留少疏，弱树弱枝多疏少留，先疏密集花和发育不良的花。落花后2周进行疏果，一般1个花序留1~2个果。第1次疏果主要摘除小果、病虫果、畸形果等。第2次疏果是在第1次疏果后的10~20d内进行。

3. 果实套袋，提高果品质量

疏果后进行套袋，套袋前喷1次杀菌剂和杀虫剂，可选用70%大生可湿性粉剂800倍液或1:2:240的波尔多液，喷药后套袋前如遇雨水或露水，需重喷杀菌剂，套袋应在药液干后进行；采用双层内黑专用果袋套袋效果最好。

果袋的选择因品种而异，果实较大的品种如"翠冠"和"清香"等，可选用规格为 16cm×21cm 的果袋，果实较小的品种（250g 以下）如"幸水"等，可选用规格为 15cm×19cm 的果袋。

一般选择果形好、果梗长、萼端紧闭的下垂边果进行套袋。套袋前一天，可将整捆果袋的袋口部分放在水中浸湿，以利于套袋操作和扎严袋口。套袋时取一只果袋，捻开袋口，一手托袋底，另一手撕去袋切口的纸片，并伸进袋内撑开果袋，再捏一下袋底的两角，使两个底角的通气孔张开，并使整只果袋鼓起呈球状。然后，一手执果柄，一手执果袋，从下往上把幼果套入果袋内，果柄置于袋中间的切口处，使果实位于袋体的中间。最后，将袋口折叠 2~3 折收拢，将有铁丝的那一折放在最外边，把铁丝横拉并折叠，固定在结果枝或骨干枝上。套袋顺序要掌握先上后下，先内后外的选择。

四、病虫害

梨树常见的病虫害有梨树黑星病、梨树锈病、梨树轮纹病、梨树黑斑病、梨木虱、梨小食心虫、康氏粉蚧等。

第三节　桃

一、桃树育苗技术

桃树一般选择嫁接育苗的方法，砧木一般选择毛桃、山桃等。

1. 砧木苗的培育

砧木种子一般在 11 月下旬进行沙藏处理 100~110d，第 2 年 3 月上旬催芽播种，播后覆盖地膜保温，确保 4 月上旬出苗，出苗后按 15cm 的株距进行间苗定苗，苗高 40cm 时摘心，当苗木地径达到 0.5~0.6cm 即可进行嫁接。

2. 嫁接技术

2 月中旬至 4 月底，此时砧木水分已经上升，可在其距地面 8~10cm 处剪断，用切接法。5 月初至 8 月上旬，此时树液流动旺盛，桃树发芽展叶，新生芽苞尚未饱满，是芽接的好时期。在砧木距地面 10cm 左右的朝阳面光滑处进行芽接。

3. 嫁接后的管理

检查成活与补接，嫁接两周后接口部位明显出现雕肿，并分泌出一些胶体，接芽眼呈碧绿状，就表明已经接活。若发现没有嫁接成活，可迅速进行二次嫁接。

剪砧一般在嫁接成活后 2~3d，在接口上部 0.5cm 处向外剪除砧干，剪口呈马蹄形，以利伤口快速愈合。

支撑防倒伏，新梢长到 6cm 左右时，在砧木贴边插支撑柱，缚好新梢，引导向上方向生长。

水肥管理，结合浇水，苗木生长前期追施氮肥，后期追施复合肥，每隔 15~20d 进行 1 次叶面喷肥，前期喷 0.3% 的尿素，后期（8 月中旬以后）喷 0.3% 的磷酸二氢钾，也可喷微量元素等其他促进苗木生长的生长素类物质，以加快苗木生长。同时搞好病虫防治，使苗木在落叶期达到 0.8~1m 的高度。

二、桃树土肥水管理技术

1. 土壤管理

深翻改土，每年果实采收后至落叶前结合施用有机肥，对桃园深翻改土以利根系正常生长，深度 10~25cm，并按照内浅外深的原则进行。

中耕除草，桃园全年中耕除草 2~4 次。在春季萌芽前结合灌水、追肥全园中耕松土，以 8~10cm 为宜，促进深层土温升高,以利根系生长活动;硬核期宜浅耕,以 5cm 为宜;采果后干旱季节结合浇水浅耕松土,清除杂草,有利于保水和增加土壤温度,并可减少病虫害,深度 5~10cm。

间作绿肥增加土壤肥力,在 1~5 年生未封行的幼龄桃园间作绿肥。间作时应留出树盘加强管理,以利于桃树生长。

2. 施肥管理

重施基肥,一般在 9 月中旬以前施用,以保证秋根及时恢复生长,促进养分的吸收和贮藏。为节约用肥并提高肥效,可穴施,每株 2 穴,分年改变穴位,逐步改土养根。穴施肥后应立即浇透水。一般每亩施用有机肥 2 500~3 000kg。

及时追肥,栽后第一年是长树成形的关键,淡肥勤施,3—6 月,每半月施肥一次。栽后第二年及结果以后,每年施肥 3~5 次。萌芽前追肥,在萌芽前 1~2 周进行,以速效氮肥为主,每株施尿素 0.2~0.5kg 或复合肥 1kg。花后肥落花后施入,以速效氮为主,配以磷钾肥。施肥量同第一次。壮果肥,在果实开始硬核期时施入,以钾肥为主,配以氮磷肥。催果肥,果实成熟,15~20d 施入,氮钾结合,促进果实膨大,提高果实品质。采后肥,果实采后结合施基肥进行。

3. 水分管理

桃虽然抗旱,但要想达到高产,必须有充足的水分供应,北方地区多春旱,应在萌芽前适时灌水,要充分灌透,花期不宜灌水,否则会引起落花落果,硬核期是桃树需水临界期,缺水或水分过多,均易引起落果,所以定果前要及时适量灌水,每次施肥后都应灌透水,入冬前还要灌一次封冻水以提高树体的抗寒能力。桃树怕涝,地面连续积水两昼夜便可造成落叶,甚至死亡。雨过多、灌水过量易造成枝叶徒长,组织不充实,花芽质量差,也容易引起裂果和根腐病、冠腐病等,因此,应注意及时排水。

三、桃树花果管理技术

1. 疏花疏果

疏蕾疏花，对花芽多而坐果率高的品种，大久保、京玉等疏蕾疏花效果较好。留量要比计划多出20%~30%；疏果一般是在第二期落果后，坐果相对稳定时开始进行，在硬核开始时完成，疏果先疏除小果、双果、缝合线两侧不对称的畸形果、病虫果，一般长果枝留果3~4个，中果枝2~3个，短果枝1~2个。

2. 果实套袋

套袋时期应在定果后或生理落果后，在为害果实的主要病虫害发生之前进行，时间在5月中下旬至6月初。鲜食品种应在采前10~15d撕袋，以促进着色均匀。罐藏品种采前不必撕袋。

四、病虫害

桃树主要病虫害有桃褐腐病、细菌性穿孔病、桃炭疽病、桃缩叶病、桃疮痂病、桃流胶病、桃潜叶蛾、桃蛀螟、桃红颈天牛和朝鲜球坚蚧等。

第四节　樱桃

一、休眠期修剪

大樱桃常用树形大致可分为小冠疏层形、自然开心形、纺锤形、圆柱形、V形等。大樱桃不耐寒，休眠期修剪的最佳时期是早春萌芽前，若修剪过早，伤口流水干枯，春季容易流胶，影响新梢的生长。休眠期修剪常用的方法有短截、甩放、回缩、疏枝等。休眠期修剪宜轻不宜重，除对各级骨干枝进行轻短截外，其他枝多行缓放，待结果转弱之后，再及时回缩复壮。疏枝多用于除去病枝、断枝、枯枝等。在具体操作时，要综合考虑品种的生物学特性、树龄、树势、栽植密度和栽植方式等因素。

1. 幼树期修剪

幼树期要根据树形的要求选配各级骨干枝。中心干剪留长度50cm左右，主枝剪留长度40~50cm，侧枝短于主枝，纺锤形留50cm短截或缓放。注意骨干枝的平衡与主次关系。严格防止上强，用撑枝、拉枝等方法调整骨干枝的角度。树冠中其他枝条，斜生、中庸的可行缓放或轻短截，旺枝、竞争枝可视情况疏除或进行重短截。

2. 初果期树修剪

除继续完成整形外，初果期还要注意结果枝组的培养。树形基本完成时，要注意控制骨干枝先端旺长，适当缩剪或疏除辅养枝，对结果部位外移较快的疏散型枝组和单轴延伸的枝组，在其分枝处适当轻回缩，更新复壮。

3. 盛果期树修剪

盛果期树休眠期修剪主要是调整树体结构，改善冠内通风透光条件，维持和复壮骨干枝长势及结果枝组生长结果能力。一是骨干枝和枝组带头枝，在其基部腋花芽以上的2~3个叶芽处短截；二是经常在骨干枝先端2~3年生枝段进行轻回缩，促使花束状果枝向中、长枝转化，复壮势力。对结果多年的结果枝组，也要在枝组先端的2~3年生枝段缩剪，复壮枝组的生长结果能力。

4. 衰老期修剪

盛果后期骨干枝开始衰弱时，及时在其中后部缩剪至强壮分枝处。进入衰老期，骨干枝要根据情况在2~3年内分批缩剪更新。

不同的樱桃品种，修剪上的主要差异是在结果枝类型上。以短果枝结果为主的品种，中长果枝结果较少，此类品种以那翁为代表，在修剪上应采取有利于短果枝发育的甩放修剪，增加短枝数量。树势较弱时，适当回缩，使短果枝抽生发育枝。短果枝结果比例较少的品种，如大紫，为促进中长果枝的发育，应有截有放，放缩结合。如果不进行短截，中长果枝会明显减少。

二、修剪

1. 刻芽

萌芽前，在侧芽以上 0.2~0.3cm 处刻芽，深度达木质部，促进下位芽萌发。研究表明，刻芽比不刻芽长枝数减少26.8%，花束状果枝数增加21.6%；刻芽配合拉枝长枝数减少36.7%，花束状果枝数增加30.6%。

2. 除萌、抹芽

对疏枝后产生的隐芽枝、徒长枝以及有碍各级骨干枝生长的过密萌枝，应及时除去。对于背上萌发的直立生长的芽、内向萌芽等有碍各级主枝生长的过多萌芽，以及树干基部萌发的砧木芽，都应在萌芽期及时抹去。

3. 拉枝

在树液流动以后进行，以春夏季为好，可用绳、铁丝等拉枝，拉枝角度在 70°~120°。主干形幼树，主干上发出的新梢长至 5~10cm 时，用牙签、小衣夹等将新梢开角。开角一定要早，过晚效果不好。

4. 花前复剪

在开花前进行复剪，可对延长枝留芽方向、枝组长度以及花芽数量进行调整。对花量大的树及时进行复剪，可调整花叶芽比例，疏掉过密过弱花、畸形花。

另外，通过捋枝、拧枝、拉枝等方式，可培养芽眼饱满、枝条充实、缓势生长的发育枝，为翌年形成优质叶丛花枝打好基础。

5. 提高坐果率

大樱桃多数品种自花结实率很低，需要异花授粉才可正常结果。大樱桃开花较早，花期常遇低温、霜冻等不良天气，对樱桃的当年产量影响很大。通过人工辅助授粉和昆虫授粉对提高樱桃授粉坐果率十分有效。樱桃柱头接受花粉的时间只有 4~5d，因此人工授粉愈早愈好，在花开 20%~30% 即开始授粉，3~4d 完成授粉。

花期叶面喷施 0.3%尿素＋0.2%硼砂＋600 倍磷酸二氢钾，以满足开花期间的营养需要和促进花粉管的伸长，提高坐果率。此外，大樱桃初花期喷施 30mg/L GA$_3$＋20mg/L 6BA＋10mg/L PCPA（对苯氧乙酸钠盐），坐果率比自然坐果率高出 28.1%。

6. 疏花疏果

（1）疏花芽　大樱桃进入盛果期后，花束状结果枝数量剧增，营养枝减少，如果结果过多就会造成树势偏弱，而樱桃树一旦树势变弱很难恢复。一般的成年樱桃树，有 25%~40% 的花授粉受精即可保证当年的产量。疏花芽于冬剪时完成，通过疏花芽可完成大部分的疏花疏果任务量。在花芽发育差的情况下，冬剪时可多留一些花芽，花芽质量好时则少留些，以免造成养分浪费过大。一般疏除发育不良、芽体瘦小、不饱满的花芽，每个花束状果枝可保留 3~4 个生长健康饱满的花芽。

（2）疏花　疏花蕾一般在开花前进行，主要是疏除细弱果枝上的小花和畸形花。每花束状果枝上保留 4~5 个饱满花蕾，短果枝留 8~10 个花蕾。

疏花时期以花序伸出到初花时为宜，越早越好。如树势强、花量大、花期条件好、坐果可靠，可先疏蕾和疏花，最后定果；反之，少疏或不疏花，而在坐果后尽早疏果。疏花时要先疏晚花、弱花，要疏弱留壮，疏长（中、长果枝的花）留短（短果枝花），疏腋花、芽花，留顶花、芽花，疏密留稀，疏外留内，疏下留上，以果控冠。

（3）疏果　疏果时期在生理落果后，一般在谢花 1 周后开始，并在 3~4d 之内完成。幼果在授粉后 10d 左右才能判定是否真正坐果。为了避免养分消耗，促进果实生长发育，疏果时间越早越好。一个花束状果枝留 3~4 个果实。叶片不足 5 片的弱花束状果枝不宜留果。疏果要疏除小果、双子果、畸形果和细弱枝上过多的果实，留果个大、果形正、发育好、无病虫为害的幼果。

三、病虫害的防治

萌芽前，喷 3°~5°Be 石硫合剂，可兼防病和虫，对介壳虫、吉丁虫、天牛、落叶病、干腐病等均有较好的防治效果。介壳虫严重的果园还可用含油量 5% 的柴油乳剂进行防治。

对金龟子发生较重的果园，可利用其假死性，早晚用震落法捕杀成虫。也可利用其有趋光性，用黑光灯诱杀。药剂防治参照其他果树的防治方法。

细菌性穿孔病的防治。控制施氮，增强树势，提高树体的抗病能力是其防治的关键。药剂防治参照桃树的防治方法。

果实腐烂病的防治。可于地面施用熟石灰 68kg/亩。化学防治方法参照其他果树。

第五节　柑橘

一、嫁接育苗

1. 常用砧木品种

有枳、红橘、香橙、酸橙、甜橙和酸柚等。

2. 常用嫁接方法

春季采用单芽切接或小芽腹接法；秋季采用单芽枝腹接、嫁接成活率较高。

二、建园种植

1. 整理

（1）园地选择　选水源充足又无山洪冲刷或积水的丘陵山地，坡度应在25°以下，土层深厚、心土结构松软、易透水、透气的沙土壤为佳。若土壤理化性状较差应进行改土。

（2）因地制宜　划分小区，合理设计园间道路，作业道及排洪系统，防护林的营造，建筑物的安排等进行科学配置规划。

（3）修筑梯田　为保持水土，同时便于管理操作，必须修筑等高水平梯田。梯田的宽度应根据山坡度而定，如20°～25°的台面宽应在3.5～4m，坡度越小，台面越宽。

2. 定植

（1）选苗木　要选经过嫁接的一年生良种壮苗，并尽可能带土移植，适当修剪过多的树冠枝条。

（2）挖定植穴　在定植前3个月挖定植穴，深宽0.8m×0.6m，每穴50～100kg粪肥或其他禽畜粪，杂草青料并加0.5～1kg石灰，与心土拌匀后回填入穴；为防下沉，回填土应比土面高10～20cm。

（3）适时定植　定植最适时期为春季2—3月春梢尚未抽发之时。灌水方便的果园，也可在晚秋定植，有利于次年早发。柑橘栽植株行距离依种类品种（系）、砧木、地势、土壤及气候等不同而异。柚类最宽，甜橙次之，宽皮柑橘、柠檬较窄，佛手、金橘最窄。一般丘陵山地土壤瘠薄宜窄，冲积地、平坝地要宽。根据各地栽培经验，各种柑橘每亩栽植株数大约如下：柚子 30~40 株（行株距 4m×4m 或 5m×4m），宽皮柑橘、甜橙 40~60 株（行株距 4m×4m 或 3m×4m），柠檬 60~80 株（行株距 3m×4m）。

（4）定植方法　在准备好的定植穴开深以 5~10cm 的定植穴，放入苗后覆土、松紧适度，勿过紧过松。苗木不能直接栽在肥料上，避免根系与肥接触而"烧"根。

（5）定植后管理　定植后灌足定根水，并立支架以防大风摇动，影响成活并做好树盘覆盖，以保湿。定植后 20~30d 恢复生长，每半个月施稀薄的腐熟人粪尿一次，以促生长，并经常防治病虫害，统一放梢，培养良好树冠。

三、幼龄树管理

1. 整形修剪

（1）苗木剪顶定干方法　在夏季新梢老熟后，离地面20~25cm 处剪顶使其分生主枝；培养矮干多分枝苗木。

（2）抹芽控梢方法　在剪顶后新梢萌芽时开始抹除零星早发的新梢，至每株有 5~6 芽梢时停止抹芽，待新梢长至 5~8cm 时选留生长健壮，分布均匀的新梢 3~4 个作为主枝，其余都抹掉，主枝长过 18cm 时短截，让其发新梢，以后依此类推，逐渐培养成圆头形丰产树冠。

2. 土壤管理

（1）进行深翻，扩穴　增施有机肥料，如垃圾、作物秸秆及禽畜粪等；幼龄期于行间套种豆科等绿肥作物，并在适当时期将绿肥、秸秆开沟压埋。加快土壤熟化进程，创造有利柑橘生长的水、肥、气、热条件。

（2）树盘　除用绿肥外，还可用作物秸秆、树叶等材料覆盖树盘，可起到保湿，稳定地温，增加有机质等作用。

3. 水肥管理

（1）灌水　南方秋冬易发生干旱。当田间持水量的50%以下时便需灌水，可以采取沟灌浸润或全园漫灌或树盘灌水等方法。有条件可建喷灌设施，既节水又增效。

（2）施肥　幼龄树以促进生长扩大树冠为目标，应以氮肥为主，并以少量多次为好。1~3年生的施肥量，年均每株每年可施纯氮0.2~0.5kg，从少到多逐步提高。施用时间可掌握在每次梢抽发之前。

四、结果树管理

1. 树体修剪

春、夏、秋三季都可以进行修剪。常用的修剪方法有短截、疏剪、缩剪、抹芽放梢、疏芽疏梢、拉线整形、摘心、环割环剥、疏花疏果等。具体要求如下所述。

（1）根据生长结果习性进行修剪　一般树势强，直立的品种，多在树冠上部外围结果，故除修剪内部过密的细弱枝外，树冠外围的枝条应少剪；树势稍弱，树冠内外枝条均可结果的品种（如美国脐橙），以短果枝结果较高，故修剪宜轻，一般以短截为主，以促发较多粗壮短枝（结果母枝）。

（2）按不同枝梢生长结果特性修剪　①春梢：生长好的可成为翌年结果母枝或夏秋梢基枝。故修剪应去弱留强，去密留匀。②夏梢：徒长性较强，扰乱树型，且抽发太多会加重生理落果，故应抹除或长至15~20cm时短截，使之抽生2~3枝秋梢成为结果母枝。③秋梢：生长充实，成为结果母枝百分率高，故不加修剪，但过密者应疏除一部分。④冬梢：生长不充实徒耗养分，应及早抹除。

（3）根据植株树势和结果情况采取不同修剪法　对生长正常的稳产树，修剪程度要轻，仅剪除病虫害枝，交叉荫蔽枝，适当控制夏秋梢数量。大龄树，因其结果多，夏秋梢抽生少，则修剪宜轻，以删除为主结合短截的方法。培养生长良好的春夏秋梢成为翌年结果母枝。对小龄树，由于结果少树势强，各次梢都较粗壮，故修剪应较重，采用短截结合疏删，减少翌年的花量，为翌年丰产打下基础。

2. 水肥管理

（1）以有机肥为主，化肥为辅　其比例以 3：1 为适当。要根据柑橘生长结果的需要和各种肥料的性质，合理搭配使用。一般柑橘对氮磷钾三要素需要量的比例为 1：0.5：0.7。此外还应补充缺乏的微量元素。

（2）施肥时期和施肥量　成年结果树栽培目的在于促进多抽梢，多结果，并保持梢果平衡，达到丰产优质。施肥主要抓 4 个时期。①春芽萌发期施用促梢壮花肥，以氮为主，配合磷、钾，施用量占全年 20%，具体是每亩人粪尿 1 500kg，尿素 7.5kg。②幼果生长期施保果肥，以氮为主，配合磷肥，占全年施肥量 10%。③秋梢期施壮梢壮果肥：以速效与迟效肥结合，即每亩施优质人粪尿 1 500~2 000kg，加腐熟饼肥 50kg，加尿素 10kg。肥量占全年 35%，在新梢自剪后，根外追肥二次。④采果前后施基肥，仍以速效与迟效肥结合，肥量占全年 35%。以厩肥计算，每亩施 3 000~4 000kg，并结合施石灰 50~100kg。

（3）采收　柑橘宜适期采收，否则，不仅影响当年产量，果实的品质、耐性及抗病性，也影响树势恢复、花芽分化和翌年的产量。

五、病虫害防治技术

1. 柑橘溃疡病

溃疡病是比较严重的病害，会导致柑橘落叶、枯梢及生长衰退、落果等。

防治措施　使用铜氨合剂、拌种双等农药进行防治；完善果园设施和设备；合理施肥，从根本上防除病害。

2. 柑橘疮痂病

柑橘疮痂病会使果实品质下降、树梢发育不良等。

防治措施　选取甲基托布津、退菌特等防治药剂；选用抗病品种；彻底清园，深埋或烧毁病枝、病叶；初春时节修剪病害枝叶，阻断病菌侵染源头。

3. 柑橘炭疽病

炭疽病发病严重时会导致柑橘整株枯亡。

防治措施　使用混合多菌灵与溴菌腈防治，就不会产生耐药性，又能取得较好的防治效果。

4. 螨虫

导致柑橘提前落果、落叶，影响柑橘生长、产量。

防治措施　提前准备预测、预报工作；使用农药如尼索朗等进行防治；引入蜘蛛、食螨瓢虫等天敌来消灭螨虫。

5. 蚜虫

咬食嫩芽，导致柑橘出现煤烟病。

防治措施　利用蚜虫天敌瓢虫减轻灾害；选取吡虫啉类药也可以有效控制。

第六节　草莓

一、育苗

草莓育苗方法有匍匐茎分株、新茎分株、播种、组织培养等法，目前生产上主要以匍匐茎苗进行繁殖。匍匐茎分株繁殖草莓，生产上常有两种方式：一是利用结果后的植株作母株繁殖种苗：当生产田果实采收后，就地任其发生匍匐茎，形成匍匐茎苗，秋季选留较好的匍匐茎苗定植。该法产生的茎苗弱而不整齐，直接影响翌年产量，一般减产 30% 以上。二是以专用母株繁殖秧苗，就是母株不结果，专门用以繁殖苗木。此法可以培育壮苗，可在生产上大面积推广。具体技术如下。

（一）繁殖田准备

繁殖田选择疏松，有机质含量 1% 以上的土壤，排灌方便的地块。定植前整地作畦，每亩施充分腐熟农家肥 4~5t，尿素 15kg，耕翻、耙平、清除杂草，做成平畦或高畦，畦宽 1m。

（二）母株选择和定植

母株选择品种纯正，植株健壮，根系发育良好，无病虫害的植株。9 月上中旬定植。在每畦中部定植 1 行，株距 30~40cm。根据品种抽生匍匐茎的能力，抽生强适当稀些，抽生弱的适当密些。栽植时植株根系自然舒展。培土程度为土覆平后既不埋心又不露根为宜。

（三）繁殖田的管理

母株越冬后早春抽生花序，及时彻底摘除。匍匐茎抽生时期，加强土、肥、水管理。土壤保持湿润、疏松，每亩适当追 N、P、K 三元复合肥 10kg，施肥后及时灌水，松土除草。在 6 月匍匐茎大量发生时期，经常使匍匐茎合理分布，进行压土。干旱时选早晨或傍晚每周灌水 1 次。7—8 月匍匐茎旺盛生长期，在匍匐茎爬满畦面出现拥挤时，及时间苗、摘心。8 月底形成的茎苗可在 8 月上中旬各喷 1 次 2 000mg/kg 矮壮素。匍匐茎抽生差的品种喷洒植物赤霉素（GA₃）50mg/L。四季草莓品种在 6 月上、中、下旬和 7 月上旬各喷 1 次 50mg/kg 的 GA₃，每株喷 5mL，结合摘除花序，效果明显。

（四）茎苗假植及管理

茎苗假植时间在 8 月下旬至 9 月上旬。假植地块要求排灌水方便，土壤疏松肥沃。在整地作畦时撒施足量的腐熟有机肥及适量的复合肥。在假植苗起出前 1d 对母株田浇水。茎苗起出后，立即将根系浸泡在 70%甲基托布津可湿性粉剂 300 倍液或 50%多菌灵液 500 倍液中 1h。假植株行距（12~15）cm×（15~18）cm。假植时根系垂直向下，不弯曲，不埋心，假植后浇水。晴天中午遮阴，晚上揭开。1 周内早晚浇水，成活后追 1 次肥，9 月中旬追施第 2 次肥，追施 N、P、K 三元复合肥 12~15g/m²。经常去除老叶、病叶和匍匐茎，保留 4~5 片叶。假植 1 个月后，控水促进花芽分化。

二、建园

草莓园地选择地势较高、地面平坦、土质疏松、土壤肥沃、酸碱适宜、排灌方便、通风良好的地点。坡地坡度不超过 2°~4°，坡向以南坡和东南坡为好。前茬作物为番茄、马铃薯、茄子、黄瓜、西瓜、棉花等地块，严格进行土壤消毒。大面积发展草莓，还应考虑到交通、消费、贮藏和加工等方面的条件。栽植草莓前彻底清除园地杂草，有条件地方采用除草剂或耕翻土壤，彻底消灭杂草。连作草莓或土壤中有线虫、蛴螬等地下害虫的地块，栽植前进行土壤消毒或喷农药，消灭害虫。连作或周年结果的四季草莓，一般每亩施用腐熟的优质农家肥 5 000kg+过磷酸钙 50kg+氯化钾 50kg，或加 N、P、K 三元复合肥 50kg。土壤缺素的园块，可补充相应的微肥或直接施用多元复合肥。全园均匀地撒施肥料后，彻底耕翻土壤，使土肥混匀。耕翻深度 30cm 左右，耕翻土壤整平、耙细、沉实。土壤整平、沉实后，按定植要求做畦打垄。北方常采用平畦栽培，畦宽 1.0~1.2m，长 10~15m，畦埂宽 20~30cm，埂高 10~15cm。采用高畦栽培根据当地情况。一般畦宽 1.2~1.5m，高 15~20cm，畦间距 25~30cm。在北方地区有灌溉条件可起垄栽培：垄宽 50cm，高 15~20cm，垄距 120cm（大果四季草莓垄可再宽些）。该形式更适合地膜覆盖，还可减少果实污染和病虫害的发生。栽植前大小苗分开，分别栽植管理。栽苗时应注意栽植方向，一季草莓要求每株草莓伸出的花序均在同一方向，栽苗时应将新茎的弓背朝预定的同一方向栽植。垄栽时让花序向外，即苗的弓背向外。平畦栽时新茎弓背向里。四季草莓赛娃、美得莱特的新茎，栽植时可不考虑方向问题。

三、土肥水管理

草莓栽植成活后和早春撤除防寒物及清扫后，及时覆膜；而不覆膜栽植草莓，要多次进行浅中耕 3~4cm，以不损伤根系为宜。但在草莓开花结果期不中耕。采果后，中耕结合追肥、培土进行，中耕深 8cm。而四季草莓则少耕或免耕，最好采取覆膜的办法。草莓园田间可采用人工除草、覆膜压草、轮作换茬等综合措施进行。为减少用工，以除草剂除草为主。草莓移栽前 1 周，将土壤耙平后，每亩用 48%氟乐灵乳油 100~125mL+水 35kg，均匀喷雾于土表，随机用机械或钉耙耙土，耙土要均匀，深 1~3cm，使药液与土壤充分混合。一般喷药到耙土时间不超过 6h。氟乐灵特别适合地膜覆盖栽培，一般用药 1 次基本能控制整个生长期的杂草。或者用 50%草萘胺（大惠利）可湿性粉剂 100~200g+水 30kg 左右，均匀喷雾于土表。

四、植株管理

草莓必须及早摘除匍匐茎。摘除匍匐茎比不摘除增产40%。草莓一般只保留 1~4 级花序上的果，其余及早疏除，每株留 10~15 个果。为提高果实品质，在花后 2~3 周内，在草莓株丛间铺草，垫在花序下面，或者用切成 15cm 左右的草秸围成草圈垫在果实下面。适时摘除水平着生并已变黄的叶片，以改善通风透光条件，减轻病虫发生。

五、果实采收

多数草莓品种开花后1个月左右分批不间断采收。果实成熟时，其底色由绿变白，果面2/3变红或全面变红，果实开始变软并散发出诱人香气。当地销售在9~10成熟时采收，外地销售达到8成熟时采收。具体采收在早晨露水干后至天热之前进行，注意轻摘、轻拿、轻放，严防机械损伤。

六、防治病虫害

草莓病虫害主要有灰霉病、炭疽病、病毒病、根腐病、芽枯病、叶枯病、蛇眼病；蚜虫、叶螨、蛴螬、叶甲、斜纹夜蛾等。其防治技术是采用以农业防治为主的综合防治措施，即选用抗病品种，培育健壮秧苗。具体措施：一是利用花药组培等技术培育无病毒母株，同时2~3年换1次种；二是从无病地引苗，并在无病地育苗；三是按照各种类型的秧苗标准，落实好培育措施，并注意苗期病虫害防治。加强草莓栽培管理，可有效抑制病虫害的发生，具体措施有：施足优质基肥，促进草莓健壮生育；采用高畦栽植，改善通风透光条件；掌握合理密植，降低草莓株间湿度；进行地膜覆盖，避免果实接触土壤；防止高温多湿，创造良好生长环境；使植株保持健壮，提高植株抗病能力；搞好园地卫生，消灭病菌侵染来源。日光照射土壤消毒，对防治草莓萎黄病、芽枯病及线虫等，具有较好效果。重视轮作换茬，一般种植草莓两年以后要与禾本科作物轮作。合理使用农药：重点在开花前防治，每隔7~10d用药1次，连续3~4次，直到开花期。要合理选用高效低毒低残留药剂适时防治。

在病虫害发生初期彻底防治以红蜘蛛和白粉病、灰霉病为主的病虫害；果实采收开始后尽量减少施用农药；春季温度回升后，注意红蜘蛛、花蓟马等害虫的为害，及时喷药防治。

第七节　葡萄

一、插条的选择与处理

硬枝扦插插条采集应在已经结果，而且品种纯正的优良母树上进行采集。一般结合冬季修剪同时进行，选发育充实、成好、节间短、色泽正常、芽眼饱满、无病虫为害的一年生枝作为插条，剪成 7~8 节长的枝段（50cm 左右），每 50~100 条捆成 1 捆，并标明品种名称和采集地点，放于贮藏沟中沙藏。春季将贮藏的枝条从沟中取出后，先在室内用清水浸泡 6~8h，然后进行剪截。

嫩枝扦插在夏季选择已木质化、芽呈黄褐色的春蔓，3~5 节长的枝段（25cm 左右）。插穗顶端留 1 叶片，其他叶连同叶柄一并去掉，下端从芽节外剪成马耳形，剪制好的插穗及时插入苗床。扦插前可用 0.005%~0.007% 吲哚乙酸液浸泡插穗基部 6~8h，或用 0.1%~0.3% 吲哚乙酸液速蘸 5s，或用生根粉处理。

二、苗床的选择与整理

育苗地应选在地势平坦、土层深厚、土质疏松肥沃、同时有灌溉条件的地方。上年秋季土壤深翻 30~40cm，结合深翻每亩施有机肥料 3 000~5 000kg，并进行冬灌。早春土壤解冻后及时耙地保墒，在扦插前要做好苗床，苗床一般畦宽 1m，长 8~10m，平畦扦插主要用于较干旱的地区，以利灌溉；高畦与垄插主要用于土壤较为潮湿的地区，以便能及时排水和防止畦面过分潮湿。

也可选择营养袋育苗，育苗前先用宽 19cm、长 16cm 塑料薄膜对粘制成高 16cm、直径约 6cm 的塑料袋，也可用市面出售的相应规格的塑料袋，袋底剪一个直径 1cm 的小孔或剪开袋底的 2 个角，以利排水。同时，用土和过筛后的细沙及腐熟的厩肥按沙：土：肥＝2：1：1 的比例配制成营养土，营养土装入育苗袋墩实。

三、施肥管理

葡萄采摘后，为迅速恢复树势，增加养分积累，应早施基肥。这次以有机肥为主，占全年施肥总量的 60%～70%，每亩施入厩肥或堆肥 3 000～5 000kg，可伴随加入 30kg 复合肥。离葡萄主干 1m 挖一环形沟，深 50～60cm、宽 30～40cm，将原先备好的各种腐熟有机肥分层混土施入基肥。

为满足葡萄生长时期对肥料的需求，在生长期进行追肥，以促进植株生长和果实发育。在早春芽开始萌动前施入催芽肥，主要以速效性氮肥为主，尿素每株施 0.1～0.4kg，人粪尿液肥每株冲施 8～10kg，追肥完成后要立即灌水，以促进萌芽整齐；开花前 7～10d 施花前肥，每株施氮磷钾复合肥 0.1～0.15kg；盛花后 10d 施膨果肥，每株施尿素 0.1～0.5kg、氮磷钾复合肥 0.1～0.5kg；在果实转色前或转色初期施增色增糖肥，每株施硫酸钾 0.2～0.4kg。

四、疏剪花序

疏花序时间一般在新梢上能明显分出花序多少、大小的时候进行，主要是疏去小花序、畸形花序和伤病花序。如果葡萄有落花落果现象，疏花序则要推迟几天进行。保留花序数量要根据葡萄品种、树龄和树势进行，短细枝和弱枝不留花序，鲜食品种长势中庸的结果枝上留 1 个花序，强壮枝上留 1～2 个花序，一般以留 1 个为多，少数壮枝留 2 个。

五、花序修整

在花序选定后，对果穗着生紧密的大粒品种，要及时剪除果穗上部的副穗和 2~3 个分枝，对过密的小穗及过长的穗尖，也要进行疏剪和回缩，使果穗紧凑，果粒大小整齐而美观。

六、顺穗、摇穗和拿穗

顺穗是在谢花后结合绑蔓，把放置在藤蔓和铁丝上的果穗理顺在棚架的下面或篱架有位置的地方；在顺穗时进行摇晃几下，摇落受精不良的小粒称为摇穗；对于穗大而果粒密集的品种在果粒发育到黄豆大小时，把果穗上密集的分枝适当分开，使各分枝和果粒之间留有适当的空隙，便于果粒的发育和膨大。

七、疏果粒

花序通过整形后，每个花序所结的果粒依然很多，需要在果粒黄豆大小时将过多的果粒疏去。主要疏掉发育不良的小粒、畸形粒和过密果粒，尤其是对果粒紧凑的品种和经过膨大处理的果穗（如维纳斯无核），必须疏掉一部分果粒，不然将有部分果粒被挤碎、挤掉。在成熟时，疏掉裂果、小粒及绿果，使果粒大小整齐，外观美，达到优质果的标准。大型穗可留 90~100 粒果，穗重 500~600g；中型穗可留 60~80 粒果，穗重 400~500g。

八、果穗套袋

目前主要可用于套袋生产的品种有巨峰系葡萄、红地球、美人指和无核白鸡心等。一般使用耐雨水淋洗、韧性好的木浆涂蜡纸袋，可以依据种类品种、果穗的大小定制，如专为提高葡萄上色的带孔玻璃纸袋和塑料薄膜、专防鸟害的无纺布果袋。葡萄套袋的长度一般为 35～40cm，宽 20～25cm，具体长度、宽度按所套品种果穗成熟时的长度和宽度而定，但一定要大于其长和宽，袋子除上口外其余全部密封或黏合。例如欧美杂种葡萄中的大果穗可用 30cm×20cm；欧亚种的大果穗多，如红地球等品种可用 40cm×30cm，果穗小的品种可用 25cm×20cm。

葡萄套袋通常在谢花后 2 周坐果、稳果、疏果结束后（幼果黄豆大小），应及时进行，各品种的具体套袋时间也有一定的差异，例如欧亚种的品种可以适当早套，欧美杂交品种则可适当晚套。

套袋前的准备工作，套袋前 5～6d 须灌一次透水，增加土壤的湿度，在套袋前 1～2d，对果穗喷一次杀菌剂和杀虫剂，防止病虫在袋内为害，如波尔多液或甲基托布津，做到穗穗喷到、粒粒见药，待药液干后即可开始套袋。

套袋操作要点，先将纸袋端口浸入水中 5cm，湿润后，袋子不仅柔软而且容易将袋口扎紧。也可套袋时将纸袋吹胀，小心地将果穗套进，袋口可绑在穗柄所着生的果枝上。要注意喷药后水干就套袋，随干随套；在整个操作过程中，尽量不要用手触摸果实。在葡萄采收时连同纸袋一同取下。有色品种在采前几天可将纸袋下部撕开，以利充分上色。

九、病虫害防治技术

1. 植物检疫

在葡萄生产引种时，对引入的苗木、插条等繁殖材料必须进行检疫，发现带有病原、害虫的材料要进行处理或销毁，严禁传入新的地区。

2. 生物防治

主要包括以虫治虫、以菌治菌、以菌治虫等方面。生物防治对果树和人畜安全，不污染环境，不伤害天敌和有益生物，具有长期控制的效果。目前生产上应用的农抗402生物农药，在切除后的根癌病瘤处涂抹，有较好的防病效果。

3. 物理防治

利用果树病原、害虫对温度、光谱、声响等的特异性反应和耐受能力，杀死或驱避有害生物。如目前生产上提倡的无毒苗木即是采用热处理的方法脱除病毒。

4. 化学防治

应用化学农药控制病虫害发生，仍然是目前防治病虫害的主要手段，也是综合防治不可缺少的重要组成部分。尽管化学农药存在污染环境、杀伤天敌和残毒等问题，但它具有见效快、效果好、广谱、使用方便等优点。

5. 农业防治

保持田间清洁，随时清除被病虫为害的病枝残叶，病果病穗，集中深埋或销毁，减少病源，可减轻翌年的为害；及时绑蔓、摘心、除副梢，改善架面通风透光条件，可减轻病虫为害；加强肥水管理，增强树势，可提高植株抵御病虫害的能力，多施有机肥，增加磷、钾肥，少用化学氮肥，可使葡萄植株生长健壮，减少病害；及时清除杂草，铲除病虫生存环境和越冬场所。

6. 抗病育种

选育抗病虫害的品种或砧木，抗病育种一直是葡萄育种专家十分重视的课题。近年从日本引进的巨峰系欧美杂交种就是通过杂交育种培育出来的一个抗病群体，与欧亚种相比，它对葡萄黑痘病、炭疽病、白腐病、霜霉病等均具有较强的抗性。

第八节 核桃

一、生产技术

萌芽前15~20d，疏除树上90%~95%的雄花芽，以减少养分和水分消耗，提高坐果率。开花期去雄花，人工辅助授粉。去雄花最佳时期在雄花芽开始膨大时。疏除雄花序之后，雌花序与雄花数之比在1：（30~60）。但雄花芽很少的植株和刚结果的幼树，最好不疏雄花。人工辅助授粉花粉采集在雄花序即将散粉时（基部小花刚开始散粉）进行。授粉最佳时期是雌花柱头开裂并呈八字形，柱头分泌大量黏液且有光泽时最好。具体方法是先用淀粉或滑石粉将花粉稀释10~15倍，然后置于双层纱布袋内，封严袋口并拴在竹竿上，在树冠上方轻轻抖动即可。或将花粉与面粉以1：10的比例配制后用喷雾器授粉或配成5 000倍液后喷洒。具体时间以无露水的晴天最好，一般9—11时，15—17时效果最好。进入盛花期喷0.4%硼砂或30mg/L赤霉素，可显著提高坐果率。为提高果实品质，坐果后可进行疏果。

核桃应在果皮由绿变黄绿或浅黄色，部分青皮顶部出现裂纹，青果皮容易剥离，有以上现象的果实已显成熟时采收。采收方法分人工采收和机械采收两种。人工采收是在核桃成熟时，用长杆击落果实。采收时应由上而下、由内而外顺枝进行。此法适合于零星栽植。发达国家多采用机械采收。具体做法是在采摘前10~20d，向树上喷洒500~2 000mg/kg的乙烯利催熟，然后用机械振落果实，一次采收完毕。此法省工、效率高，但易早期落叶而削弱树势。果实从树上采下后，应尽快放在阴凉通风处，不应在阳光下暴晒。采收后要及时进行脱青皮、漂白处理。脱青皮多采用堆积法，将采收的核桃果实堆积在阴凉处或室内，厚 50cm 左右，上面盖上湿麻袋或厚 10cm 的干草、树叶，保持堆内温湿度、促进后熟。一般经过 3~5d 青皮即可离壳，切忌堆积时间过长。为加快脱皮进程也可先用 3 000~5 000mg/kg 乙烯利溶液浸蘸 30s 再堆积。脱皮后的坚果表面常残存有烂皮等杂物，应及时用清水冲洗 3~5 次，使之干净。为提高坚果外观品质，可进行漂白。常用漂白剂是：漂白粉 1kg+水（6~8）kg 或次氯酸钠 1kg+水 30kg。时间 10min 左右，当核壳由青红转黄白色时，立即捞出用清水冲洗两次即可晾晒。

二、病虫害的防治

核桃病虫害主要有黑斑病、溃疡病、腐烂病、举肢蛾、云斑天牛等。具体防治措施是冬季休眠期挖出或摘除虫茧、幼虫，刮除越冬卵。清除园内落叶、病枝、病果，以减少菌源。萌芽前用生石灰 0.25kg，水 18kg，方法是先将生石灰化开，加入食盐和豆面，然后搅拌均匀，涂于小幼树全部和大树的 1.2m 以下的主干上。萌芽开花期以防治核桃天牛、黑斑病、炭疽病与云斑天牛为重点，喷 1：0.5：200 波尔多液，0.3°~0.5°Bé（波美度）石硫合剂，用毒膏堵虫孔，剪除病虫枝，人工摘除虫叶，并捕捉枝干害虫；喷 50%辛硫磷乳油 1 000~2 000 倍液，20%甲氰菊酯 1 500 倍液，10%氯氰菊酯乳油 1 500 倍液等杀虫剂防治害虫。4 月上旬刨树盘，喷洒 25%辛硫磷微胶囊水悬乳剂 200~300 倍液，或用 50%辛硫磷 25g，拌土 5~7.5kg，均匀撒施在树盘上，用以杀死刚复苏的核桃举肢蛾越冬幼虫。果实发育期以防治黑斑病、炭疽病与举肢蛾为重点。在 5 月下旬至 6 月上旬，采用黑光灯诱杀或人工捕捉木尺蠖、云斑天牛。6 月上旬用 50%辛硫磷乳油 1 500 倍液在树冠下均匀喷雾，以杀死核桃举肢蛾羽化成虫；7—8 月硬核开始后按 10~15d 间隔喷辛硫磷等常用杀虫剂 2~3 次。发现被害果后及时击落，拾虫果、病果深埋或焚烧；8 月中下旬，在主干上绑草把，树下堆集石块瓦片，诱集越冬害虫，集中捕杀。每隔 20d 喷一次波尔多液，以保护叶片。果实成熟期结合修剪剪除病虫枝，以消灭病源，喷杀虫剂防治虫害。在落叶休眠期清扫落叶、落果并销毁，进行果园深翻，以消灭越冬病虫源。

第五章　农作物生态栽培技术

第一节　水稻

一、水稻育苗播种技术

水稻育秧就是要培育发根力强，植伤率低，插秧后返青快、分蘖早的壮秧。这种育秧方法的主要优点是秧龄短、秧苗壮，管理方便。可机插、人工手插，工效高，质量好。

（一）育苗前的种子处理

1. 种子的选用

如果种子贮藏年久，尤其在湿度大、气温高条件下贮藏，具有生命力的胚芽部容易衰老变性，种子细胞原生质胶体失常，发芽时细胞分裂发生障碍导致畸形，同时稻种内影响发根的谷氨酸脱羧酶失去活性，容易丧失发芽力。在常温下，贮种时间越长、条件越差、发芽能力降低越快。因此，最好用头年收获的种子。常温下水稻种子寿命只有 2 年。含水率 13% 以下，贮藏温度在 0℃ 以下，可以延长种子寿命，但种子的成本会大大提高。因此，常规稻一般不用隔年种子。只有生产技术复杂，种子成本高的杂交稻种，才用陈种。

2. 种子量

每公顷需要的种子量，移栽密度 30cm×13.3cm 时需40kg左右；移栽密度 30cm×20cm 时需 30kg 左右；移栽密度 30cm×

26.7cm 时需 20kg 左右。

3. 发芽试验

水稻种子处理前必须做发芽试验，以防因稻种发芽率低，而影响出苗率。

4. 晒种

浸种前在阳光下晒 2~3d，保证催芽时，出芽齐，出芽快。

5. 选种

选种指的是浸种前，在水中选除瘪粒的工作。一般水稻种子利用米粒中的营养可以生长到 2.5~3 叶，因此 2.5~3 叶期叫离乳期。如果用清水选种，就能选出空秕子，而没有成熟好的半成粒就选不出来。用这样的种子育苗时，没有成熟好的种子因营养不足，稻苗长不到 2.5 叶就处于离乳期，使其生长缓慢。到插秧时没有成熟好的种子长出的苗比完全成熟的稻苗少 0.5~1.0 个叶，在苗床上往往不能发生分蘖，而且出穗也晚 3~5d。如果用这样的秧苗插秧，比完全成熟的种子长出的稻苗减产 6.0% 左右。所以选种时，水的相对比重应达到 1.13（25kg 水中，溶入 6kg 盐时，相对密度在 1.13 左右）。在这样的盐水中选种就可以把成熟差的稻粒全部选出来，为出齐苗，育好苗打下基础。但特别需要注意的是盐水选种后一定要用清水洗 2 次，不然种子因为盐害不能出芽。

6. 浸种

浸种时稻种重量和水的重量一般按 1：1.2 的比例做准备，浸种后的水应高出稻种 10cm 以上。浸种时间对稻种的出芽有很大的影响，浸种时间短容易发生出芽不整齐现象，浸种时间过长又容易坏种。浸种的时间长短根据浸种时水的温度确定，把每天浸种的水温加起来达到 100℃（如浸种的水温为 15℃时，应浸 7d）时，完成浸种，可以催芽。有些年份浸完种后，因气温低或育苗地湿度大不得不延长播种期。遇到这样的情况，稻种不应继续浸下去，把浸好的种子催芽后，在 0~10℃ 的温度下，摊开10cm厚保管，既不能使其受冻，也不让其长芽。到播种时，如果稻种过干，就用清水泡半天再播种。

7. 消毒

催芽前的种子进行消毒是防止水稻苗期病害的最主要方法。按照消毒药的种类不同可分为浸种消毒、拌种消毒和包衣消毒，因此应根据消毒药的要求进行消毒。现在农村普遍使用的消毒药以浸种消毒为多，这种药的特点是种子和药放到一起一浸到底，很省事。但浸种过程中，应每天把种子上下翻动一次，否则消毒水的上下药量不均，上半部的稻种因药量少，造成消毒效果差。

（二）催芽方法

催芽的原则是催短芽，催齐芽。种子是否出芽的标准是，只要破胸露白（芽长 1mm）就说明这粒种子已出芽。现在农民催芽过程中坏种的事经常发生，问题主要出现在催芽稻种的加温阶段。催芽的最适温度为 25~30℃，但浸种用的水温度一般较低，因此催芽前需要给稻种加温。如果加温时温度过高，一部分种子就失去发芽能力，那么在以后的催芽过程中这部分种子先坏种，进而影响其他种子。如果稻种加温时，温度不够或不匀，催芽就不齐，所以催芽前的加温是出芽好坏的最关键的环节。加温最简单的方法是，先在大的容器里预备 60℃ 左右的水，之后把浸好的种子快速倒进并搅拌，此时的水温大致在 25~30℃，就在此温度下泡 3h 以上。或用大锅把水加热至 35℃ 左右后，在锅上放两个棍子，在上面放浸完的种子，反复浇热水，把稻种加热到 30℃ 左右。此后不需要加温直接捞出，控干催芽。这样的方法催芽，一般 2d 左右就可以催齐芽。

催芽过程中出芽 80% 左右时，就把种子放到阴凉的地方（防止太阳光直射或冻害发生）摊开 10cm 厚，晾种降温，在凉种降温过程中，余下的种子会继续出芽。如果等到所有的芽都出齐，那么先出的芽就长得很长，芽长短不齐，会影响出苗率或出现钩芽现象。

1. 快速催芽法

育苗过程中有时出现坏种或育苗中期坏苗现象，如果此时还用常规的办法催芽就会耽误农时。因此可以选择早熟品种，浸种催芽一条龙的办法加速催芽。在33℃的水温下，消毒药、种子和水一起放到缸中，始终保持水温33℃左右，3~5d在水中就可以催出芽，或泡3d后把种子捞出来，不加温直接催芽。

2. 浸种时间不足

有时在浸种的水温不够，浸种的时间短的情况下催芽，会出现出芽慢、出芽率低的现象。这种现象往往早熟品种表现更为严重。相同品种中，成熟不好的品种先出芽，没有出芽的稻粒的中心有时会出现没有泡透的白心。如果遇到这样的情况，应当把种子在30℃水温下泡半天后，再直接催芽。

3. 催芽热伤

因掌握不好温度，催芽时会出现很多热伤现象。热伤的种子芽势弱，催芽时间拉长，出现坏种；热伤的稻种往往表现为开始时出一部分芽，后来就出芽少或基本不出芽。稻种是否热伤应先看已出的芽有没有变色，如果芽尖变色，但芽根没变色，应立即摊开稻种降温。如果种子已有60%~70%的出芽率时可以播种，出芽少时，应在30℃的水温下洗后，再催芽。但芽根已变色就应报废处理，重新购种按快速催芽法催芽。

4. 水稻催芽新方法

近年来，人们试验、推广"水浸种与电热毯催芽"相结合的全快速方法，较好地解决了优质稻、杂交早稻浸种催芽难的问题，深受广大农户欢迎。

这种方法的主要优点：一是能使催芽率提高到95%以上，

且芽壮根短，安全可靠。二是缩短了浸种催芽时间。从浸种到催芽标准芽，一般只需48h左右，比其他方法至少要缩短一半时间，有利于抢时播种。三是操作简便，省工省时，其具体操作技术如下。

（1）催芽前温床准备　将电热毯，用新塑料农膜（不能用地膜与微膜）包2~3层，使电热毯四周不能进水，以免受潮漏电。然后择一保温性能好的房舍，打扫干净后用无病毒的干稻草、锯末等保温物垫底16~20cm厚，把包好薄膜的电热毯平铺于保温物上，再在电热毯上铺草席或竹席等，以便堆种催芽，并将温床四周用木板围好。

（2）种子消毒　按10g强氯精加45℃温水5kg搅拌均匀浸种3.5kg的比例，消毒2h，然后捞出用清水洗净沥干，准备催芽。

（3）预热稻种　将经消毒的种谷倒入盛有55℃的热水容器中，边倒边翻动，静置3~5min后，再搅动调温3~4次，使种谷在35℃并左右的温水中，充分预热、吸水1h左右。

（4）电热毯催芽　将预热吸水的种谷捞出滤干，均匀地摊堆在电热毯温床上，一般1床单人电热毯可催稻种15~25kg。然后用塑料薄膜把种谷包盖住，在薄膜上加盖保温物，四周封牢扎紧，即可通电催芽。温床中要等距离插入2~3支温度计，始终保持25~32℃温度，如达到39℃时应停电降温。为了不烧坏电热毯，白天中午可停止通电3~5h。催芽期间要勤检查温度、湿度，如稻种稍干时，应及时喷水增湿，并常翻动换气，使稻种受热均匀，芽齐芽壮。用此方法，稻种经8~10h开始破胸，24h后出芽率可达90%以上。破胸出芽后，温度控制在25~28℃，湿度保持在80%左右，维持12h左右即可催出标准芽待播。其他管理方法同常规。

（三）苗床准备

1. 苗床选择

苗床应选择在向阳、背风、地势稍高、水源近、没有喷施

过除草剂，当年没有用过人粪尿、小灰，没有倾倒过肥皂水等
强碱性物质的肥沃旱田地、菜园地、房前房后地等。如果没有
这样的地方也可以用水田地，但水田地做苗床时，应把土耙
细，没有坷垃、杂草等杂质，施用腐熟的有机肥每平方米
15kg 以上。

2. 育苗土准备

采用富含有机质的草炭土、旱田土或水田土等，都可以用
来做育苗土。如果要培育素质好的秧苗就应该有目标的培养育
苗土，一般 2 份土加腐熟好的农家肥 1 份混合即可。据试验，
盐碱严重的地方应选择酸性强的草炭土，而且草炭土的粗纤维
多，根系盘结到一起不容易散盘，移植到稻田中缓苗快，分蘖
多等优点。

3. 苗田面积

手工插秧的情况下，30cm×20cm 密度时每公顷旱育苗育
150m²、盘育苗育 300 盘（苗床面积 50m²）。30cm×26.7cm 密
度时每公顷旱育苗育 100m²，每公顷盘育苗育 200 盘（苗床面
积 36m²）。机械插秧一般都是 30cm×13.3cm 密度，每公顷盘
育苗育 400 盘（苗床面积 72m²）。

这里还需要说明的是，推广超稀植栽培技术，要求减少播
种量，因此有些人认为就应增加苗田面积。其实不然，如果在
苗田播种量大的情况下，苗质弱的秧苗本田插秧时一穴可能插
5~6 棵苗。但苗田减少播种量后秧苗素质提高，稻苗变粗，有
分蘖，本田插秧时只能插 2~3 棵苗。所以在同样的插秧密度
下，减少播种量后也不应增加苗田面积。

4. 做苗床

育苗地化冻 10cm 以上就可以翻地。翻地时不管是垄台，
还是垄沟一定要都翻 10cm 左右，随后根据地势和不同育苗形
式的需要自己掌握苗床的宽度和长度。先挖宽 30cm 以上步道

土放到床面，然后把床土耙细耙平。苗床土的肥沃程度也决定秧苗素质，育苗时床面上每平方米施 15kg 左右的腐熟的农家肥，然后深翻 10cm，整平苗床。

（四）苗期管理

1. 温度管理

出苗至 2.5 叶前，棚内温度控制在 30℃ 以下；秧苗长到 2.5 叶后，开始棚内温度控制在 25℃ 以下。

水稻的生长过程中，一般高温长叶，低温长根。因此在温度管理上应坚持促根生长的措施，严格控制温度。据观察育苗期间，晴天气温与棚内温度处于加倍的关系（如气温 15℃ 时棚内温度就可能达到 30℃ 以上），所以可以利用这个规律，当天的气温 15℃ 以上时，就应进行小口通风，随温度的升高逐步扩大通风口。

2. 水分管理

育苗过程中水分管理是最重要的技术，每次浇水少而过勤就影响苗床的温度，而且容易造成秧苗徒长，影响根系发育，所以育苗期间尽可能少浇水。浇水的标准是早晨太阳出来前，如果稻叶尖上有大的水珠（这个水珠不是露水珠，而是水稻自身生理作用吐出来的水）时，不应浇水，没有这个水珠就应当利用早晚时间浇一次透水。但是抛秧盘育苗的浇水，大通风开始后，一般很难参考这个标准，应根据实际情况浇水。

3. 壮秧标准

壮秧是水稻高产的基础，俗话说"秧好半年粮"。一般来讲，不同地区，不同栽培制度，不同育苗方式，不同熟期的品种等，应具有不同的壮秧标准。尽管壮秧标准不同，但基本要求是一致的，即移栽后发根快而多，返青早，抗逆性强，分蘖力强，易早生快发。综合起来就是生活力强，生产力高。这样的秧苗才是壮秧。

从外观讲，壮秧具备根系好，同根节位根数足，须根和根毛多，根色正，白根多，无黑灰根；地上假茎扁粗壮，中茎短，颈基部宽厚；秧苗叶片挺拔硬朗，长短适中，不弯不披；秧苗高矮一致，均匀整齐；同伸分蘖早发，潜在分蘖芽发育好，干重高，充实度好，移栽后返青快、分蘖早；无病虫害，不携带虫瘿、虫卵和幼虫，不夹带杂草。

培育水稻壮苗需要抓住以下几个时期：第一个时期是促进种子长粗根、长长根、须根多、根毛多，吸收更多的养分，为壮苗打基础。此期一般不浇水，过湿处需要散墒、过干处需要喷补水，顶盖处敲落、漏籽处需要覆土补水。温度以保温为主，保持在32℃以下，最适温度为25~28℃，最低不得低于10℃。20%~30%的苗第一叶露尖及时撤去地膜。第二个时期为管理的重点时期，地上部管理是控制第一叶叶鞘高度不超过3cm，地下部促发叶鞘节根系的生长。此期温度不超过28℃，适宜温度为22~25℃，最低不得低于10℃。水分管理应做到，床土过干处，适量喷浇补水，一般保持干旱状态。第三个时期，重点是控制地上部1~2叶叶耳间距和2~3叶叶耳间距各1cm左右；地下部促发不完全叶节根健壮生长。因此，需要进一步做好调温、控水和灭草、防病，以肥调匀秧苗长势等管理工作。温度管理，2~3叶期，最高温度25℃，适宜温度2叶期22~24℃，3叶期20~22℃。最低温度不得低于10℃。特别是2.5叶期温度不得超过25℃，以免出现早穗现象。水分管理要三看管理，一看早、晚叶尖有无水珠；二看午间高温时新叶展开叶片是否卷曲；三看床土表面是否发白和根系生长状况，如果早晚不吐水、午间新叶展开叶片卷曲、床土表面发白，宜早晨浇水并一次浇足。1.5叶和2.5叶时各浇一次pH值4~4.5的酸水，1.5叶前施药灭草，2.5叶酌情施肥。第四个时期，在插秧移栽前3~4d开始，在不是秧苗萎蔫的前提下，不浇水，进行蹲苗壮根，以利于移栽后返青快、分蘖早。

在移栽前一天，做好秧苗"三带"，即一带肥（每平方米施磷酸氢二铵 120~150g）；二带药，预防潜叶蝇；三带增产菌等，进行壮苗促蘖。

二、本田整地

（一）一般田整地

洼地或黏土地最好是秋翻，需要春翻时，应当早点翻地，翻地不及时土不干，泡地过程中不把土泡开很难保证耙地质量。耙地并不是耙得越细越好，耙地过细，土壤中空气少，地板结影响根系生长。因此，耙地应做到在保证整平度的前提下，遵守上细下粗的原则，既要保证插秧质量，又要增加土壤的孔隙度。

（二）节水栽培整地

春季泡田水占总用水量的 50% 左右，而夏季雨水多，一般很少缺水。所以春季节水成为节水种稻的关键，水稻免耕轻耙节水栽培技术，极大缓解了春季泡田水的不足，解决了井灌稻田的缺水问题。但此项技术不适合沙地等漏水田。水稻免耕轻耙节水栽培技术的整地主要是在不翻地的前提下，插秧前 3~5d 灌水。耙地前保持寸水，千万不能深水耙地。因为此次耙地还兼顾除草，水深除草效果差。耙地应做到使地表 3~5cm 土层变软，以便插秧时不漂苗。

（三）盐碱田整地

盐碱地种稻在我国相对比较少，但也有一部分播种面积。盐碱地稻田为了方便洗碱，一般要求选择排水方便的地块，并且稻田池应具备单排单灌。稻田盐碱轻（pH 值 8.0 以下）时，除了新开地外，可以不洗碱。pH 值 8.0~8.5 的中度盐碱时，必须洗 1~2 次。洗盐碱时，水层必须淹没过垡块，泡 2~3d 后排水，洗碱后复水要充足，防止落干，以防盐碱复升。

经过洗盐碱，使稻田水层的 pH 值降至轻度盐碱程度后施肥、插秧。

（四）机插秧田整地

机械插秧的秧苗小，插秧机的重量重，整地要求比较严格。机插秧地的翻地不能过深，翻地过深时犁底容易不平，造成插秧深度不一致，一般 10cm 左右即可。耙地使用大型拖拉机时，尽量做到其轮子不走同一个位置，以便减少底部不平。耙地后的平整度应达到 5cm 以内。

（五）旱改水田整地

一般玉米田使用阿特拉津、嗪草酮、赛克津等除草剂，大豆田用乙草胺、豆黄隆、广灭灵等除草剂除草。这样的除草剂的残效期都在 2 年以上，在使用这些除草剂的旱田改水田时，容易出现药害，表现为苗黄化、矮化、生长慢、分蘖少或不分蘖。如果使用上述农药的旱田改种水稻时，尽量等到残效期过后改种。旱田非改不可时，即使是没用上述农药，旱田改种水稻时，耙地前必须先洗一次。插秧前或后，打一些沃土安、丰收佳一类的农药解毒剂。

第二节 小麦

一、优质小麦的生产计划与整地播种

（一）品种选择与种子处理

1. 小麦生产的良种选用原则

良种是小麦生产最基本的生产资料之一，包括优良品种和优良种子两个方面。使用高质量良种是使小麦生产达到高产、稳产、优质和高效目标的重要手段。优良品种是在一定自然条件和生产条件下，能够发挥品种产量和品质潜力的种子，当自然条件和生产条件改变，优良品种也要作相应的改变。选用良种必须根据品种特性、自然条件和生产水平，因地制宜。既要考虑品种的丰产性、抗逆性和适应性，又要防止用种的单一性。一般在品种布局上，应选用 2~3 个品种，以一个品种为主（当家品种），其他品种搭配种植，这样既可以防止因自然灾害而造成的损失，又便于调剂劳力和安排农活。选用小麦良种应做到以下 5 点。

第一，根据当地的气候生态条件，选用生长发育特性适合当地条件的品种，避免春性过强的品种发生冻害，冬性过强的品种贪青晚熟。

第二，根据当地的耕作制度、茬口早晚等，选择适宜在当地种植的早、中、晚熟品种。

第三，根据当地生产水平、肥力水平、气候条件和栽培水平确定品种类型和不同产量水平的品种。

第四，要立足抗灾保收，高产、稳产和优质兼顾，尤其要抵御当地的主要自然灾害。

第五，更换当家品种或从外地引种时，要通过试种、示范，再推广应用，以免给生产造成经济损失。

2. 小麦生产的种子质量要求

优良种子是实现小麦壮苗和高产的基础。种子质量一般包括纯度、净度、发芽力、种子活力、水分、千粒重、健康度、优良度等，我国目前种子分级所依据的指标主要是种子净度、发芽率和水分，其他指标不作为分级指标，只作为种子检验的内容。

3. 品种纯度

小麦品种纯度是指一批种子中本品种的种子数占供检种子总数的百分率。品种纯度高低会直接影响到小麦良种优良遗传特性能否得到充分发挥和持续稳产、高产。小麦原种纯度标准要求不低于 99.9%，良种纯度要求不低于 99%。

4. 种子净度

种子净度是指种子清洁干净的程度，具体到小麦来讲是指样品中除去杂质和其他植物种子后，留下的小麦净种子重量占分析样品总重量的百分率。小麦原种和良种净度要求均不低于 98%。

5. 种子发芽力

种子发芽力是指种子在适宜的条件下发芽并长成正常幼苗的能力，常采用发芽率与发芽势表示，是决定种子质量优劣的重要指标之一。在调种前和播种前应做好种子发芽试验，根据种子发芽率高低计算播种量，既可以防止劣种下地，又可保证田间苗全、苗齐，为小麦高产奠定良好基础。

种子发芽势是指在温度和水分适宜的发芽试验条件下，发芽试验初期（3d 内）长成的全部正常幼苗数占供试种子数的百分率。种子发芽势高，表明种子发芽出苗迅速、整齐、活力高。

种子发芽率是指在温度和水分适宜的发芽试验条件下，发芽试验终期（7d 内）长成的全部正常幼苗数占供试种子数的百分率。种子发芽率高，表示有生活力的种子多，播种后成苗率高。小麦原种和良种发芽率要求均不低于 85%。

6. 种子活力

种子活力是指种子发芽、生长性能和产量高低的内在潜力。活力高的种子，发芽迅速、整齐，田间出苗率高；反之，出苗能力弱，受不良环境条件影响大。种子的活力高低，既取决于遗传基础，也受种子成熟度、种子大小、种子含水量、种子机械损伤和种子成熟期的环境条件以及收获、加工、贮藏和萌发过程中外界条件的影响。

7. 种子水分

种子水分也称种子含水量，是指种子样品中所含水分的重量占种子样品重量的百分率。由于种子水分是种子生命活动必不可少的重要成分，其含量多少会直接影响种子安全贮藏和发芽力的高低。种子样品重量可以用湿重（含有水分时的重量）表示，也可以用干重（烘失水分后的重量）表示。因此，种子含水量的计算公式有两种表示方法。

$$种子水分（\%）= \frac{样品重-烘干重}{样品重} \times 100 （以湿重为基数）$$

$$种子水分（\%）= \frac{样品重-烘干重}{烘干样品重} \times 100 （以干重为基数）$$

小麦原种和良种种子水分要求均不高于13%（以湿重为基数）。

8. 小麦生产的种子精选与处理

小麦生产的种子准备应包括种子精选和种子处理等环节。

9. 种子精选

在选用优良品种的前提下，种子质量的好坏直接关系到出苗与生长整齐度以及病虫草害的传播蔓延等问题，对产量有很大影响。实施大面积小麦生产，必须保证种子的饱满度好、均匀度高，这就要求必须对播种的种子进行精选。精选种子一般应从种子田开始。

（1）建立种子田。种子田就是良种供应繁殖田。良种繁殖田所用的种子必须是经过提纯复壮的原种，使其保持良种的优良种性，包括良种的特征特性、抗逆能力和丰产性等。种子田收获前还应进行严格的去杂去劣，保证种子的纯度。

（2）精选种子。对种子田收获的种子要进行严格的精选。目前精选种子主要是通过风选、筛选、泥水选种、精选机械选种等方法，通过种子精选可以清除杂质、瘪粒、不完全粒、病粒及杂草种子，以保证种子的粒大、饱满、整齐，提高种子发芽率、发芽势和田间成苗率，有利于培育壮苗。

10. 种子处理

小麦播种前为了促使种子发芽出苗整齐、早发快长以及防治病虫害，还要进行种子处理。种子处理包括播前晒种、药剂拌种和种子包衣等。

（1）播前晒种　晒种一般在播种前 2~3d，选晴天晒 1~2d。晒种可以促进种子的呼吸作用，提高种皮的通透性，加速种子的生理成熟过程，打破种子的休眠期，提高种子的发芽率和发芽势，消灭种子携带的病菌，使种子出苗整齐。

（2）药剂拌种　药剂拌种是防治病虫害的主要措施之一。生产上常用的小麦拌种剂有 50% 辛硫磷，使用量为每 10kg 种子 20mL；2% 立克锈，使用量为每 10kg 种子 10~20g；15% 三唑酮，使用量为每 10kg 种子 20g。可防治地下害虫和小麦病害。

（3）种子包衣　把杀虫剂、杀菌剂、微肥、植物生长调节剂等通过科学配方复配，加入适量溶剂制成糊状，然后利用机械均匀搅拌后涂在种子上，称为包衣。包衣后的种子晾干后即可播种。使用包衣种子省时、省工、成本低、成苗率高，有利于培育壮苗，增产比较显著。一般可直接从市场购买包衣种子。生产规模和用种较大的农场也可自己包衣，可用 2.5% 适乐时作小麦种子包衣的药剂，使用量为每 10kg 种子拌药 10~20mL。

（二）水肥运筹与基肥施用

小麦的需水规律与气候条件、冬麦和春麦类型、栽培管理水平及产量高低有密切关系。其特点表现在阶段总耗水量、日耗水量（耗水强度）及耗水模系数（各生育时期耗水占总耗水量的百分数）方面。冬小麦出苗后，随着气温降低，日耗水量也逐渐下降，播种至越冬，耗水量占全生育期的 15% 左右。入冬后，生理活动缓慢、气温降低，耗水量进一步减少，越冬至返青阶段耗水量只占总耗水量的 6%~8%，耗水强度在 $10m^3/hm^2 \cdot d$ 左右，黄河以北地区更低。返青以后，随着气温的升高，小麦生长发育加快，耗水量随之增加，耗水强度可达 $20m^3/hm^2 \cdot d$。小麦拔节以前温度低，植株小，耗水量少，耗水强度在 $10~20m^3/hm^2 \cdot d$，棵间蒸发占总耗水量的 30%~60%，150 余天的生育期内（占全生育期的 2/3 左右），耗水量只占全生育期的 30%~40%。拔节以后，小麦进入旺盛生长期，耗水量急剧增加，并由棵间蒸发转为植株蒸腾为主，植株蒸腾占总耗水量的 90% 以上，耗水强度达 $40m^3/hm^2 \cdot d$ 以上，拔节到抽穗 1 个月左右时间内，耗水量占全生育期的 25%~30%，抽穗前后，小麦茎叶迅速伸展，绿色面积和耗水强度均达一生最大值，一般耗水强度 $45m^3/hm^2 \cdot d$ 以上，抽穗至成熟在 35~40d 内，耗水量占全生育期的 35%~40%。春小麦一生耗水特点与冬小麦基本相同，春小麦在拔节前 50~70d 内（占全生育期的 40%~50%），耗水量仅占全生育期的 22%~25%，拔节至抽穗 20d 耗水量占 25%~29%，抽穗至成熟的 40~50d 内耗水量约占 50%。

二、优质小麦苗期、中期、后期的田间管理

在小麦生长发育过程中，麦田管理有三个任务：一是通过肥水等措施满足小麦的生长发育需求，保证植株良好发育；二是通过保护措施防御（治）病虫草害和自然灾害，保证小麦正常生长；三是通过促控措施使个体与群体协调生长，并向栽培的预定目标发展。根据小麦生长发育进程，麦田管理可划分为苗期（幼苗阶段）、中期（器官建成阶段）和后期（籽粒形成、灌浆阶段）三个阶段。

（一）小麦苗期的田间管理

1. 苗期的生育特点与调控目标

冬小麦苗期有年前（出苗至越冬）和年后（返青至起身前）两个阶段。这两个阶段的特点是以长叶、长根、长蘖的营养生长为中心，时间长达150余天。出苗至越冬阶段的调控目标是：在保证全苗基础上，促苗早发，促根增蘖，安全越冬，达到预期产量的壮苗指标。一般壮苗的特点是，单株同伸关系正常，叶色适度。冬性品种，主茎叶片要达到7～8叶，4～5个分蘖，8～10条次生根；半冬性品种，主茎叶片要达到6～7叶，3～4个分蘖，6～8条次生根；春性品种主茎要达到5～6叶，2～3个分蘖，4～6条次生根。群体要求，冬前总茎数为成穗数的1.5～2倍，常规栽培下为 $1.05～1.35×10^7$ 个/hm^2，叶面积指数1左右。返青至起身阶段的调控目标是：早返青，早生新根、新蘖，叶色葱绿，长势苗壮，单株分蘖敦实，根系发达。群体总茎数达 $1.35～1.65×10^7$ 个/hm^2，叶面积指数2左右。

2. 苗期管理措施

（1）查苗补苗，疏苗补缺，破除板结小麦　齐苗后要及时查苗，如有缺苗断垄，应催芽补种或疏密补缺，出苗前遇雨应及时松土破除板结。

（2）灌冬水　越冬前灌水是北方冬麦区水分管理的重要措施，保护麦苗安全越冬，并为早春小麦生长创造良好的条件。浇水时间在日平均气温稳定在3～4℃时，水分夜冻昼消利于下渗，防止积水结冰，造成窒息死苗，如果土壤含水量高而麦苗弱小可以不浇。

（3）耙压保墒防寒　北方广大丘陵旱地麦田，在小麦入冬停止生长前及时进行耙压覆沟（播种沟），壅土盖蘖保根，结合镇压，以利于安全越冬。水浇地如果地面有裂缝，造成失墒严重时，越冬期间需适时耙压。

（4）返青管理　北方麦区返青时须顶凌耙压，起到保墒与促进麦苗早发稳长的目的。一般已浇越冬水的麦田或土壤墒情好的麦田，不宜浇返青水，待墒情适宜时锄划；缺肥黄苗田可趁春季解冻"返浆"之机开沟追肥；旱年、底墒不足的麦田可浇返青水。

（5）异常苗情的管理　异常苗情，一般指僵苗、小老苗、黄苗、旺苗。僵苗指生长停滞，长期停留在某一个叶龄期，不分蘖，不发根。小老苗指生长出一定数量的叶片和分蘖后，生长缓慢，叶片短小，分蘖同伸关系被破坏。形成以上两种麦苗的原因是：土壤板结，透气不良，土层薄，肥力差或磷、钾养分严重缺乏，可采取疏松表土，破除板结，结合灌水，开沟补施磷、钾肥。对生长过旺麦苗及早镇压，控制水肥，对地力差，由于早播形成的旺苗，要加强管理，防止早衰。因欠墒或缺肥造成的黄苗，酌情补肥水。

（二）小麦中期的田间管理

1. 中期生育特点与调控目标

小麦生长中期是指起身、拔节至抽穗前，该阶段的生长特点是根、茎、叶等营养器官与小穗、小花等生殖器官的分化、生长、建成同时进行。在这个阶段由于器官建成的多向性，小麦生长速度快，生物量骤增，带来了群体与个体的矛盾，以及整个群体生长与栽培环境的矛盾，形成了错综复杂相影响的关系。这个阶段的管理不仅直接影响穗数、粒数的形成，而且也将关系到中后期群体和个体的稳健生长与产量形成。这个阶段的栽培管理目标是：根据苗情适时、适量地运用水肥管理措施，协调地上部与地下部、营养器官与生殖器官、群体与个体的生长关系，促进分蘖两极分化，创造合理的群体结构，实现秆壮、穗齐、穗大，并为后期生长奠定良好基础。

　　2. 中期管理措施

　　(1) 起身期　小麦基部节间开始伸长，麦苗由匍匐转为直立，故称为起身期。起身后生长加速，而此时北方正值早春，是风大、蒸发量大的缺水季节，水分调控显得十分重要。若水分管理适宜可提高分蘖成穗和穗层整齐度，促进3、4、5节伸长，促使腰叶、旗叶与倒二叶的增大，还可提高穗粒数。对群体较小、苗弱的麦田，要适当提早施起身肥、浇起身水，提高成穗率；但对旺苗、群体过大的麦田，要控制肥水，在第一节刚露出地面1cm时进行镇压，深中耕切断浮根，也可喷洒多效唑或壮丰胺等生长延缓剂，这些措施可以促进分蘖两极分化，改善群体下部透光条件，防止过早封垄而发生倒伏；对一般生长水平的麦田，在起身期浇水施肥，追氮肥施入总量的1/3~1/2；旱地在麦田起身期要进行中耕除草、防旱保墒。

　　(2) 拔节期　此期结实器官加速分化，茎节加速生长，要因苗管理。在起身期追过水肥的麦田，只要生长正常，拔节水肥可适当偏晚，在第一节定长第二节伸长的时期进行；对旺苗及壮苗也要推迟拔节水肥；对弱苗及中等麦田，应适时施用拔节肥水，促进弱苗转化；旱地的拔节前后正是小麦红蜘蛛为害高峰期，要及时防治，同时要做好吸浆虫的掏土检查与预防工作。

　　(3) 孕穗期　小麦旗叶抽出后就进入孕穗期，此期是小麦一生叶面积最大、幼穗处于四分体分化、小花向两极分化的需水临界期，又正值温度骤然升高、空气十分干燥，土壤水分处于亏缺期（旱地）。此时水分需求量不仅大，而且要求及时，生产上往往由于延误浇水，造成较明显的减产。因此，旺苗田、高产壮苗田以及独秆栽培的麦田，要在孕穗前及时浇水。在孕穗期追肥，要因苗而异，起身拔节已追肥的可不施，麦叶发黄、氮素不足及株型矮小的麦田可适量追施氮肥。

（三）小麦后期的田间管理

1. 后期生育特点与调控目标

后期指从抽穗开花到灌浆成熟的这段时期，此期的生育特点是以籽粒形成为中心，完成小麦的开花受精、养分运输、籽粒灌浆和产量的形成。抽穗后，根茎叶基本停止生长，生长中心转为籽粒发育。据研究，小麦籽粒产量的70%~80%来自抽穗后的光合产物累积，其中旗叶及穗下节是主要光合器官，增加粒重的作用最大。因此，该阶段的调控目标是：保持根系活力，延长叶片功能期，抗灾、防病虫害，防止早衰与贪青晚熟，促进光合产物向籽粒运转、增加粒重。

2. 后期管理措施

（1）浇好灌浆水　抽穗至成熟耗水量占总耗水量的1/3以上，每公顷日耗水量达35m³左右。经测定，在抽穗期，土壤（黏土）含水量为17.4%的比含水量为15.8%的旗叶光合强度高28.7%。在灌浆期，土壤含水量为18%的比含水量为10%的光合强度高6倍；茎秆含水量降至60%以下时灌浆速度非常缓慢；籽粒含水量降至35%以下时灌浆停止。因此，应在开花后15d左右即灌浆高峰前及时浇好灌浆水，同时注意掌握灌水时间和灌水量，以防倒伏。

（2）叶面喷肥　小麦生长的后期仍需保持一定营养供应水平，延长叶片功能与根系活力。如果脱肥会引起早衰，造成灌浆强度提早下降，后期氮素过多，碳氮比例失调，易贪青晚熟，叶病与蚜虫为害也较严重。对抽穗期叶色转淡，氮、磷、钾供应不足的麦田，用2%~3%尿素溶液，或用0.3%~0.4%磷酸二氢钾溶液，每公顷使用750~900L进行叶面喷施，可增加千粒重。

（3）防治病虫为害　后期白粉病、锈病、蚜虫、黏虫、吸浆虫等都是导致粒重下降的重要因素，应及时进行防治。

（四）苗情调查与处理

春季苗情划分标准如下。

一类麦田：每亩总茎数 80 万~100 万，单株分蘖 5.5~7.5 个，3 叶以上大蘖 3.5~5.5 个，单株次生根 8~11 条。

二类麦田：每亩总茎数 60 万~80 万，单株分蘖 3.5~5.5 个，3 叶以上大蘖 2.5~3.5 个，单株次生根 6~8 条。

三类麦田：弱苗，每亩总茎数 60 万以下，单株分蘖 3.5 个以下，3 叶以上大蘖 2.5 个以下，单株次生根 6 条以下。旺苗，早播麦田每亩茎数 100 万以上，单株分蘖 7.5 个以上，3 叶以上大蘖 5.5 个以上，单株次生根 11 条以上。播量偏大麦田虽然单株分蘖较少，但每亩总茎数达 100 万以上，叶片宽、长，叶色墨绿，分蘖瘦弱。

（五）处理办法

在前期管理的基础上，促进早缓苗，早返青，力使叶色葱绿，长势苗壮，根系发达；并根据小麦生育特点及苗情，掌握好外部形态与穗分化的关系，从而准确（适时、适量）地通过水肥管理来协调地上部与地下部、群体与个体、营养生长和生殖生长的矛盾，促进分蘖两极分化，创造合理的群体结构，巩固早期分蘖，提高成穗率，形成足够的穗数；为幼穗分化创造适宜条件，争取秆壮、穗大、粒多；保证茎叶健壮生长，并防止倒伏及病虫害，为籽粒形成与灌浆奠定基础。

第三节　谷子

一、轮作倒茬

谷子忌连作，连作一是病害严重，二是杂草多，三是大量消耗土壤中同一营养要素，造成"歇地"，致使土壤养分失调。因此，必须进行合理轮作倒茬，才能充分利用土壤中的养分，减少病虫杂草的为害，提高谷子单位面积产量。

谷子对前作无严格要求，但谷子较为适宜的前茬以豆类、油菜、绿肥作物、玉米、高粱、小麦等作物为好。谷子要求 3 年以上的轮作。

二、精细整地

（一）秋季整地

秋收后封冻前灭茬耕翻，秋季深耕可以熟化土壤，改良土壤结构，增强保水能力；加深耕层，利于谷子根系下扎，扩大根系数量和吸收范围，增强根系吸收肥水能力，使植株生长健壮，从而提高产量。耕翻深度 20~25cm，要求深浅一致、不漏耕。结合秋深耕最好一次施入基肥。耕翻后及时耙耢保墒，减少土壤水分散失。

（二）春季整地

春季土壤解冻前进行"三九"滚地，当地表土壤昼夜化冻时，要顶浆耕翻，并做到翻、耙、压等作业环节紧密结合，消灭坷垃，碎土保墒，使耕层土壤达到疏松、上平下碎的状态。

三、合理施肥

增施有机肥可以改良土壤结构，培肥地力，进而提高谷子产量。有机肥作基肥，应在上年秋深耕时一次性施入，有机肥施用量一般为 15 000~30 000kg/hm²，并混施过磷酸钙 600~750kg/hm²。以有机肥为主，做到化肥与有机肥配合施用，有机氮与无机氮之比以 1:1 为宜。

基肥以施用农家肥为主时，高产田以 7.5 万~11.2 万 kg/hm² 为宜，中产田 2.2 万~6.0 万 kg/hm²。如将磷肥与农家肥混合沤制作基肥效果最好。

种肥在谷子生产中已作为一项重要的增产措施而广泛使用。氮肥作种肥，一般可增产 10% 左右，但用量不宜过多。以硫酸铵作种肥时，用量以 37.5kg/hm² 为宜，尿素以 11.3~15.0kg/hm² 为宜。此外，农家肥和磷肥作种肥也有增产效果。

追肥增产作用最大的时期是抽穗前 15~20d 的孕穗阶段，一般以纯氮 75kg/hm² 左右为宜。氮肥较多时，分别在拔节始期追施"坐胎肥"，孕穗期追施"攻粒肥"。最迟在抽穗前 10d 施入，以免贪青晚熟。在谷子生育后期，叶面喷施磷肥和微量元素肥料，也可以促进开花结实和籽粒灌浆。

四、播种

（一）选用良种与种子处理

选择适合当地栽培，优质、高产、抗病虫、抗逆性强，适应性广、粮草兼丰的谷子品种。其中大面积推广的有赤谷 10 号、长农 35、晋谷 22、张杂谷 3 号、龙谷 29、铁谷 7 号、公谷 63、黏谷 1 号等品种。

谷子播种前进行种子处理。种子处理有筛选、水选、晒种、药剂拌种和种子包衣等。药剂拌种可以防治白发病、黑穗病和地下害虫等。

1. 筛选

通过簸、筛和风车清选，获得粒大、饱满、整齐一致的种子。

2. 水选

将种子倒入清水中并搅拌，除去漂浮在水面上轻而小的种子，沉在水底粒大饱满的种子晾干后可供播种用。也可用 10%~15% 盐水选种，将杂质秕谷漂去，再用清水冲洗两次洗净盐分，晾干后就可用于播种，还可除去种子表面的病菌孢子。盐水选种比清水选种更好。

3. 晒种

播种前 10d 左右，选择晴朗天气将种子翻晒 2～3d，能提高种子的发芽率和发芽势，以促进苗全、苗壮。

4. 药剂

拌种用 25%瑞毒霉可湿性粉剂按种子量的 0.3%拌种，防白发病；用种子量的 0.2%～0.3%的 75%粉锈宁可湿性粉剂或50%多菌灵可湿性粉剂拌种，防黑穗病。

此外，种子包衣，有防治地下害虫和增加肥效的功能。

（二）播种期与播种方式

1. 播种期

适期播种是保证谷子高产稳产的重要措施之一，我国谷子产区自然条件和耕作制度差别很大，加上品种类型繁多，因而播期差别较大。春谷一般在 5 月上旬至 6 月上旬（立夏前后）播种为宜，当 5cm 地温稳定在 7～8℃时即可播种，墒情好的地块要适时早播。夏谷主要是冬小麦收获后播种，应力争早播。秋谷主要分布在南方各省，一般在立秋前后下种，育苗移栽的秋谷应在前茬收获的 20～30d 前播种，以便适期移栽。此外，北方少数地区还有晚秋种谷的，即所谓"冬谷"或"闷谷"。播种时间一般在冬前气温降到 2℃时较好。

早熟品种类型，随播期的延迟，穗粒数、千粒重、茎秆重有增加的趋势；中熟品种适当早播，穗粒数、穗粒重、千粒重、茎秆重均较高；晚熟型品种，早播时穗粒数、穗粒重和千粒重均较高。因而晚熟品种应争取早播，中熟品种可稍迟，早熟品种宜适当晚播，使谷子生长发育各阶段与外界条件较好的配合。

2. 播种方法

谷子播种方式有楼播、沟播、垄播和机播。

（1）耧播　谷子主要的播种方式，耧播在1次操作中可同时完成开沟、下籽、覆土3项工作，下籽均匀，覆土深浅一致，失墒少，出苗较好，适应地形广。全国大多数谷子产区采用耧播。

（2）沟播　是我国种谷的一项传统经验，有的地方称垄沟种植，优点是保肥、保水、保土，谷子在内蒙古东部谷子主产区赤峰种植采用沟播方式进行，一般可增产10%~20%。

（3）垄播　主要在东北地区，谷子种在垄上，有利于通风透光，提高地温，利于排涝及田间管理。

（4）机播　以30cm双行播种产量最高，机播具有下籽匀、保墒好、工效高、行直、增产显著等特点。

（三）播种量与密度

根据谷子品种特性、气候和土壤墒情，确定适宜的播种量，创建一个合理的群体结构，使叶面积指数大小适宜，并保持一个合理发展状态，增加群体干物质积累量，进而实现高产。

春谷播量一般为 $7.5kg/hm^2$ 左右，夏谷播量 $9kg/hm^2$。一般行距在 42~45cm。一般晚熟、高秆、大穗、分蘖多的品种宜稀，反之，宜密。穗子直立，株型紧凑的品种，可适当密植；反之叶片披垂，株型松散的品种，密度要适当稀些。

播种深度 3~5cm，播后覆土 2~3cm。间苗时留拐子苗，株距4.5~5cm。一般旱地每公顷留苗 30 万~45 万株，水地留苗 45 万~60 万株。

五、田间管理

（一）保全苗

播前做好整地保墒，播后适时镇压增加土壤表层含水量，利于种子发芽和出苗。发现缺苗垄断可补种或移栽，一般在出苗后 2~3 片叶时进行查苗补种。以 3~4 片叶时为间苗适期，通过间苗，去除病、弱和拥挤丛生苗。早间苗防苗荒，利于培育壮苗，根系发达，植株健壮，是后期壮株、大穗的基础，是谷子增产的重要措施，一般可增产 10% 以上。谷子 6~7 片叶时结合留苗密度进行定苗，留 1 茬拐子苗（三角形留苗），定苗时要拔除弱苗和枯心苗。

（二）蹲苗促壮

谷苗呈猫耳状时，在中午前后用磙子顺垄压 2~3 遍，有提墒防旱壮苗的作用。在肥水条件好、幼苗生长旺的田块，应及时进行蹲苗。蹲苗的方法主要在 2~3 片叶时镇压、控制肥水及多次深中耕等，实现控上促下，培育壮苗。一般幼穗分化开始，蹲苗应该结束。

（三）中耕除草

谷子的中耕管理大多在幼苗期、拔节期和孕穗期进行，一般进行 3 次。第一次中耕在苗期结合间定苗进行，兼有松土和除草双重作用。中耕掌握浅锄、细碎土块、清除杂草的技术。进行第二次中耕在拔节期（11~13 片叶）进行，此次中耕前应进行一次清垄，将垄眼上的杂草、谷莠子、杂株、残株、病株、虫株、弱小株及过多的分蘖，彻底拔出。有灌溉条件的地方应结合追肥灌水进行，中耕要深，一般深度要求 7~10cm，同时进行少量培土。第三次中耕在孕穗期（封行前）进行，中耕深度一般以 4~5cm 为宜，结合追肥灌水进行。这次中耕除松土、清除草和病苗弱苗外，同时进行高培土，以促进植株基部茎气生根的发生，防止倒伏。

中耕要做到"头遍浅，二遍深，三遍不伤根"。

（四）灌溉排水

谷子一生对水分需求可概括为苗期宜旱、需水较少，中期喜湿需水量较大，后期需水相对减少但怕旱。谷子苗期除特殊干旱外，一般不宜浇水。

谷子拔节至抽穗期是一生中需水量最大、最迫切的时期。需水量为 244.3mm，占总需水量的 54.9%。该阶段干旱可浇 1 次水，保证抽穗整齐，防止"胎里旱"和"卡脖旱"，而造成谷穗变小，形成秃尖瞎码。

谷子灌浆期处于生殖生长期，植株体内养分向籽粒运转，仍然需要充足的水分供应。需水量为 112.9mm，占总需水量的 25.4%。灌浆期如遇干旱，即"秋吊"，浇水可防止早衰，但应进行轻浇或隔行浇，不要淹漫灌，低温时不浇，以免降低地温，影响灌浆成熟。风天不浇，防治倒伏。

灌浆期雨涝或大水淹灌，要防止田间积水，应及时排除积水，改善土壤通气条件，促进灌浆成熟。

第四节　玉米

一、地块的选择

玉米对土壤的要求不严，一般耕层深厚，土壤肥沃，灌排方便的沙壤土更利于玉米生长，容易获得高产优质。

二、种子处理

1. 种子精选

选用粒大、饱满的种子，机械或人工选粒，除去病斑粒、虫食粒、破损粒、混杂粒及杂质。种子的纯度不低于 98%，净度不低于 99%，发芽率不低于 85%，含水量不高于 13%。

2. 晒种

选择晴天 9—16 时进行晒种（不要在铁器和水泥地上晒种，以免烫坏种子），连续晒 2~3d，可提早出苗 1~2d，出苗率提高 13%~28%。

3. 浸种

玉米用冷水浸种 10h，比干籽播种发芽快，出苗整齐；微肥浸种可补偿土壤养分，比大田使用方便，如播种前用 0.01%~0.1%硫酸锌、磷酸二氢钾等浸泡 24h，可促进萌发，提高发芽率。

4. 选用包衣种子

可防止地下害虫和苗期病虫害。

三、播种时期

玉米抢时早播有利于充分利用光热资源，是保证玉米正常生长发育、实现高产的关键措施。

麦垄套玉米：套种玉米播种期早晚根据小麦群体的大小、长势而定，小麦群体大、长势好要晚播，群体小、长势差、苗弱的田块可适当早播。一般在麦收前 7~10d 进行播种，以收小麦时不损伤玉米苗及麦收后管理方便为准。

铁巷直播玉米：麦收后及时播种，6 月 10 日之前播种结束。

四、播种方式

高产田宜采用宽窄行播种，宽行 70~80cm，窄行 40~50cm；中产田采用等行距播种，行距 60~65cm。

机械条播：用免耕播种机进行播种，播前要认真调整播种机的下籽量和落粒均匀度，控制好开沟器的播种深度，做到播深一致，落粒均匀，防止因排种装置堵塞而出现的缺苗断垄现象。

机械精量点播：使用精量点播机进行点播，每穴 1~2 粒。

人工点播：每穴播种 2~3 粒，注意保持株距、行距一致，同时保持播种深度的一致性。

1. 播种深度

墒情较好的两合土和淤土，播种深度 4cm 左右，疏松的沙壤土，播种深度 5~6cm，播种后及时镇压保墒，以利出苗。

2. 种植密度

合理密植是实现玉米高产的重要措施之一，过高过低都会导致玉米减产，玉米留苗密度因品种不同而异，一般耐密品种 4 500 株/亩左右，大穗型品种 3 500 株/亩左右，高肥区可适当增加密度。

3. 播种量

一般每亩 2.5~3kg。

4. 足墒播种

充足的土壤墒情是保证玉米苗全、苗齐的基本条件。在适播期内，要趁墒抢种，若土壤墒情不足，播种后要及时浇蒙头水。

五、田间管理

1. 及时补苗、间苗、定苗

提高播种质量，保证苗全、苗齐、苗匀是夏玉米高产的基础。生产中如遇特殊情况缺苗断垄严重，要及时补苗。玉米顶土出苗后，需及时查苗，发现缺苗严重，应立即进行补苗，采取移栽补苗或催芽补种的方法。移栽时从田间选取稍大一些幼苗，移栽后立即浇水，保证成活率。

间苗在 3 叶期进行，定苗在 4~5 叶展开时完成，拔除小株、弱株、病株、混杂株，留下健壮植株。定苗时不要求等株距留苗，个别缺苗地方可在定苗时就近留双株进行补偿，必须保证留下的玉米植株均匀一致。为了减少劳动用工，间苗、定苗可一次完成。

2. 灌溉

播种期灌溉，套播玉米在播种前要浇一次水，既有利于小麦灌浆，又有利于玉米出苗。麦茬平播玉米播种时遇干旱，要进行造墒灌溉，每亩浇 30~40m³ 水即可，利于保证播种质量。

夏玉米拔节后进入生长旺盛阶段，对水分的需求量增加，尤其是大喇叭口期发生干旱（俗称'卡脖旱'），将影响抽雄和小花分化；抽雄开花期玉米需水量最多，是玉米需水的临界期，此期干旱将影响玉米散粉，甚至造成雌雄花期不遇，降低结实率。因此在大喇叭口到抽雄后 25d 这一段时间，发生旱情要及时灌溉。

玉米生育后期，保持土壤较好的墒情，可提高灌浆强度，增加粒重，并可防止植株早衰。此期干旱应及时灌水。

3. 中耕

玉米是中耕作物，其根系对土壤空气反应敏感，通过中耕保持土壤疏松利于夏玉米生长发育。夏玉米田一般中耕 2 次，定苗时锄一次，10 叶展时锄一次，人工或机械锄地。用除草剂在玉米播种后进行封闭处理的田块或秸秆覆盖的玉米田，可在拔节后到 10 叶展时进行一次中耕松土。

4. 施肥

夏播玉米一般不施有机肥，可利用冬小麦有机肥的后效。夏玉米要普遍施用苗肥，促苗早发。苗肥在玉米 5 叶期施入，将氮肥总量的 30% 及磷钾肥沿幼苗一侧（距幼苗 15~20cm）开沟（深 10~15cm）条施或穴施。化肥用量每亩施纯氮 14~16kg，五氧化二磷 6~9kg，氧化钾 8~10kg。在缺锌土壤每亩施硫酸锌 1~1.5kg。磷肥、钾肥全部基施，氮肥分期施。使用玉米专用长效控释肥时在播种时一次底施。基肥和种肥：全部磷肥、钾肥及 40% 的氮肥作为基肥、种肥在播种时施入，或播种后在播种沟一侧施入。施肥深度一般在 5cm 以下，不能离种子太近，防止种子与肥料接触发生烧苗现象。

追施穗肥：穗肥有利于雌穗小花分化，增加穗粒数。在玉米大喇叭口期（株高 1m 左右，11~12 片展开叶）将总氮量的 60%根际施入。

补施粒肥：玉米后期如脱肥，用 1%尿素+0.2%磷酸二氢钾进行叶面喷洒。喷洒时间最好在下午 4 时后。高产田块也可在抽雄期再补施 5~7kg 尿素。

六、病虫害的防治

玉米褐斑病的发病开始时，每公顷使用 1.05kg 70%甲基托布津，或者使用 25%粉锈宁可湿性粉剂 1 500 倍液，或者使用由 450kg 水和 4509 12.5%的禾果利粉剂组成的药液进行喷雾。如果将玉米小斑病、大斑病结合在一起进行防治，可喷洒 25%苯菌灵乳油 800 倍液。当玉米出现弯孢菌叶时，可添加适量的 5%退菌特，注意每间隔 7d 用 1 次药，一般连续使用 2~3 次即可。在玉米纹枯病田间发病开始时，在每公顷玉米基部喷洒由水和 112.5g 井冈霉素可溶性粉剂组成的药液或者井冈霉素水剂，根据病情的发展连续喷洒 2~3 次，每次间隔大约 7d。

第五节　大豆

一、轮作倒茬

大豆是典型的忌重茬怕连茬作物。因重茬、连茬均会造成作物生长迟缓，植株矮小，叶色黄绿；造成大豆严重减产和品质的下降，一是会造成多种病虫害大发生、大流行，如细菌性斑点病、立枯病、黑斑病、线虫病，以及食心虫大发生、大流行；二是由于根系分泌物毒害作用，能够抑制大豆的生长发育，降低根瘤菌的固氮能力，造成土壤肥力的下降；三是由于大豆是双高作物，会过度消耗土壤中某种营养，造成氮磷比例严重失调，影响大豆的正常生长发育。为此，一般提倡有三年以上的轮作周期。前茬以禾谷类、薯类为好。

二、精细整地

大豆要求的土壤状况活土层较深，既要通气良好，又要蓄水保墒，地面还要平整细碎。所以，做好深耕、深翻、破除犁底层，加之，耪耙保墒是大豆苗全苗壮的基础，是大豆高产优质的根本措施。一般要求深耕要达到 18~22cm，最好在秋季进行，次年早春立即顶陵耙耪，实现防旱保墒之目的。种植复播大豆，由于前茬多为小麦，小麦收获后多会遇到干旱和抢时播种，往往对深翻和增施有机肥带来困难。所以，提倡麦前深耕一般达到 20cm 左右，结合增施农家肥料，使土、粪相融，为大豆创造良好的肥力基础。这样在小麦收割后，如果土壤墒情好，就可抓紧犁耕耙耪和播种；如果在土壤墒情不足的情况下，则以浅耕灭茬，抢墒早播为主。即便遇到久旱地干，亦可运用借墒、点种等办法，做到不误农事。

三、施足底肥

大豆是需肥多的作物，它的需氮量是谷类作物的 4 倍，而且是全生育期的吸肥作物。一般每生产 100kg 大豆籽粒，需要从土壤中吸收 9.5kg 氮、2.0kg 磷（P_2O_5）kg、3.0kg 钾（K_2O）。为此，根据吸肥特点和需肥规律，为满足大豆生长发育对养分的需要，必须坚持以基肥为主、种肥为辅、看苗追肥的原则。提倡大量增施农家肥，农家肥属于完全肥料，含有较多的有机质，肥劲稳，肥效长，能在较长时期内持续供应大豆的营养需要。所以，要求每亩应施优质农家肥 2 500kg 以上；复播田多在前作结合深翻施农家肥，用量需在 3 500kg 左右。

在化肥的施用上，做到一茬作物一茬肥。时常考虑的是氮、磷。氮肥后期根瘤菌可提供，磷肥在土中移动性小，所以这两种肥均以基肥为主。为保证播种时种子与肥料隔离，人工耧播的提倡种两遍，第一次种化肥、第二次下籽；机播可一次完成，把肥施在深处，把籽下在上层。肥料的施用量以产而定，一般每亩单产在150kg左右的，应施入纯氮肥6kg，五氧化二磷3kg。肥料以磷酸氢二铵为好。

追肥：大豆开花之初追施氮肥，是国内、外公认的增产措施，做法是：在大豆开花初期结合中耕培土，每亩追尿素3～5kg。同时，为防止大豆鼓粒期脱肥，可实行根外追肥。浓度是每15kg水，加尿素75g、磷酸二氢钾50g、钼酸铵8g进行叶面喷雾，每10d一次，连喷2次。注意10时前、15时后，在正反面叶片上喷施。

四、田间管理

"三分种，七分管，十分收成才保险"这是多地农民种植的实践经验，它充分说明了田间管理的重要性。

（一）间苗

农谚说"间苗早一寸，顶上一茬肥"，大豆叶片相对较大，为解决争光、争肥的影响，促进壮苗的发育，应在第一片复叶展开前立即间苗，按规定的株距留苗，拔除弱苗、病苗和小苗。

（二）中耕除草

"豆怕苗里荒"，大豆是易中耕作物，中耕能提高土壤温度、疏松土壤、消灭杂草。一般中耕除草在3次以上，均在开花前进行。第一次在齐苗后抓早进行，深度7～8cm，目的是消灭杂草，破除地表板结，防止土壤水分蒸发，起到通气防旱保墒作用。第二次中耕在大豆分枝前进行，深度10～12cm，并要用手剔除苗间杂草。第三次中耕在大豆封垄前进行，深度5~6cm 为好，原则是在不伤根的前提下结合向根部培土。以利防倒和排水。

（三）压苗促根

人工压苗可促进根系发育，节间变短，株高变矮，增强抗倒能力，在一定条件下有增产作用。压苗时间以第一片复叶展开时为适宜。选择晴天中午，用畜力拉引木磙顺垄镇压即可。

（四）摘心打顶

摘心打顶有利于控制营养生长，促使养分重新分配，集中供给花荚；有利于控制徒长，防止倒伏，促进一级分枝增多和早熟，提高产量。据生产实践，盛花期摘心打顶的增产 7%~20%。一般摘心打顶在盛花期进行，过早因分枝增多，反而会促进徒长，引起倒伏，通风不良，光合作用下降；过迟则无效果。方法是去掉大豆主茎顶端 2cm 左右即可。注意有限结荚习性品种和在瘠薄地上种植的不宜摘心。

五、病虫害的防治

大豆花期，喷大豆蚜虫药对大豆有影响。大豆在花期对外界不良环境的抵抗力很弱，此时若喷施化学药剂，易使花蕾脱落，秕粒增加。如果在夏大豆花期发生病虫害必须用药防治时，最好选在 16 时以后进行。大豆的花期 6—7 月，果期 7—9 月。

六、适时收获

适时收获是大豆增产增收的最后一个环节。收获过早、过晚对产量、品质影响极大。过早因籽粒尚未充分成熟，不仅会降低粒重和蛋白质、脂肪含量，而且由于成熟不好，青秕粒较多，粒重下降；过晚，在天气干旱的情况下，则易引起炸荚，阴雨天过多，又会失去种子的固有的色泽，造成品质下降。

大豆的适收期，应在黄熟后的末期进行，此时叶已大部分脱落，茎和荚全变为黄色，籽粒开始复原，荚壳分离，呈现品种应有色泽，摇动有响声时即可收获。

第六节　油菜

油菜籽是榨制植物油的主要原料，常言说"三分种七分管"，油菜籽的高产和栽培技术是分不开的。合理有效的栽培技术是提高油菜产量最有力的措施。

一、整地施肥

油菜种子小，幼芽顶土力较弱。因此要求土壤深厚疏松。前作物收获后应及时深耕 23~25cm，秋后浅耕打糖，做到土细疏松，地表平整。春油菜生育期短，施肥应以基肥为主。亩施农家肥 2 500kg、氮肥 11~12kg、磷肥 6~6.5kg。氮肥和磷肥比例为 1：0.5，农家肥和磷肥作为底肥，氮肥三分之二作为底肥，三分之一作为追肥。

二、轮作倒茬

合理轮作能够减少病虫草害，改善土壤营养状况，提高地力，出苗整齐，生长健壮，可以提高产量。应选小麦及豆类作物为前茬。忌连作，也不宜与其他十字花科作物轮作。

三、播种

（一）适期早播

按当地气候条件，以日平均气温稳定到 2~3℃以上时进行播种为宜。

（二）选用良种

选用优良品种，可使油菜产量大幅度提高，陇油 10 号是甘肃省最新育成的优质春油菜杂交种，和陇油 5 号对比可增产 16% 以上，具有丰产稳产、品质优良、抗病性强等特点。播前精选种子，并晒种 1~2d，可提高种子发芽势与发芽率。

（三）合理密植

亩角果数是产量因素中的主导因素，因此，合理密植是高产稳产的关键，根据地力和品种的不同，一般高寒地区亩保苗 2.5 万~3 万株。条播种植亩下种子 0.5kg，将 2.5kg 尿素和 2.5kg 磷酸氢二铵（种肥）与种子混合均匀播入犁沟，行距 20cm，播深 2~3cm。针对春油菜区油菜播种后受严重干旱和冻害影响的问题，机械化播种适宜推广的亩播量为 0.5kg，掺和方式为 12kg 磷酸氢二铵+20kg 油渣或 8kg 尿素+10kg 磷酸氢二铵。

四、间苗、定苗

油菜籽在苗期应当及时间苗、定苗，这是油菜田间管理极为重要的一环，如不及时间苗，会造成幼苗缺乏营养、植株细弱、提早抽薹等现象，严重影响产量。间苗定苗是控制密度，保证苗匀、苗壮的重在要环节，可以减少高脚弱苗，培育矮壮苗。间苗一般分两次进行，第一次是在苗出齐后长出 2~3 片真叶时进行，去小留大，叶不搭叶；第二次在 4~5 片真叶期按预留密度去弱留强，去病留健，结合补苗，保持苗距 7~10cm。早播的高肥水平的田块，留苗密度为每亩 2 万株左右，迟播的中等以下水平的田块，留密度为每亩 2.5 万株左右。播种量小的可只间一次苗。

五、早施苗肥

早施提苗肥可以充分补充营养，保进根、叶生长达到壮苗。苗期缺氮 15d 或缺磷 25d 油菜亩产分别会减少 27.4% 和 27.1%，一般在油菜定苗后亩用尿素 5～7.5kg 或腐熟人粪尿 500kg 加碳酸氢铵 7.5～10kg，在行间开沟条施或穴施。对旺苗要注意肥水控制，适当进行蹲苗。

六、重施薹肥

油菜蕾薹期是营养生长和生殖生长的两旺时期，这时施肥要掌握植株稳长、不早衰、不贪青迟熟为原则。对于基肥施用少、苗势较弱、长势较差、叶小、茎细、抽薹早、有早衰趋势的田块要早施重施，即在薹高达 4cm 左右时，每亩施人粪尿 250～300kg，加 0.2% 的磷酸二氢钾和尿素 4～5kg 或碳酸氢铵 15kg 对水浇施，这样不但能减轻提前抽薹、开花，而且有利生长发育。对苗势一般或比较好、抽薹时植株叶片大、薹顶低于叶尖的油菜田块，薹肥要迟施、轻施，一般在薹高 13cm 以上时，每亩用人粪尿 200～250kg 加碳酸氢铵 4～5kg 泼施，以防脱肥早衰。

七、底墒管理

俗话说"水是油菜的命，也是油菜的病"。土壤湿度过高（高于 94%）则病害加重，贪青晚熟，并影响蜜蜂等昆虫传粉，导致秕粒增多，含油量降低；而土壤含水量低，不仅营养生长受到抑制，而且花蕾脱落量增大，开花提前结束，有效角果数少；因此，土壤湿度过低或是过高都会导致油菜减产。做到合理的油菜田块墒情管理，使油菜田不渍不旱，这是油菜田丰产的关键。

（一）合理灌溉

随着气温持续升高，油菜生长旺盛，耗水强度不断加大，此时以土壤相对含水量 70%、空气相对湿度 70%～80% 最适宜，低于 60% 或高于 94% 都不利开花。因此应根据土壤墒情适时灌水。灌水次数应根据苗情和土壤质地而定，沙质土壤保水性能差，渗漏较多，可适当多浇水；黏土保水性能好，可适当少浇水。蕾花期是油菜需水临界期，对水分反应最敏感。开花期要求田间持水量在70%~80%最为适宜。花角期不论土壤湿度过低还是过高，都会导致抽菜减产。有水源区域引水灌溉，无自留水源区域采取抽水灌溉。灌溉做到随灌随排，防止田间积水。无灌溉条件的采用叶面喷施旱地龙等抗旱剂，千方百计解除旱情。

（二）清沟沥水

立夏后雨水渐多。油菜虽然需水量较多，但雨水过频，造成土壤含水量过多甚至达到饱和状态，使土壤通气不良，有机质分解缓慢，肥料流失，有效养分降低，硫化氢等有害物质大量积累，容易诱发病害。发达的根系是油菜高产的保证，如果土壤水分太多则影响油菜根系的呼吸作用与吸收能力，还会造成油菜烂根、烂茎、倒伏，根系发黑霉烂、早衰、吸肥能力降低，加重菌核病发生，使油菜生长受阻，叶片发黄，植株高度降低，植株发僵甚至死亡，一次分枝减少，角果数、粒数和粒重均有不同程度降低，从而影响油菜产量和品质。对易积水的田块应多开出水沟，加大出水量，使积水直接流出油菜田；同时清理好田外沟渠，确保排水通畅，做到耕层无暗渍，沟内无明水，预防渍害，确保雨停无积水，以减轻抽菜根系渍害，提高土壤温度，促进油菜生长发育。清沟的泥土培在油菜行兜边，提高油菜抗倒能力。

八、病虫害的防治

（1）改进和提高栽培技术　注意培育壮苗。适期移栽、施足基肥，适当增施磷、钾肥，合理排灌，注意及时摘除病、老、黄叶等农业技术措施，为油菜的生长创造良好的环境条件，可提高抗各种病害的能力，减少病害发生。

（2）种植抗病品种 各类型的油菜中，品种间抗病性的差异很大，各地都有较多的抗病、耐病品种，可根据各地病害的发生种类，选用抗病、耐病品种进行种植。选定下年种植的品种以后，在油菜成熟期选无病、性状优良的植株，取主轴中段留种。供翌年种植，对减少病害发生，保证油菜丰产非常重要。

（3）药剂防治 ①苗床或种子消毒：播种期可用绿亨一号、绿亨2号或绿亨7号进行苗床消毒或拌种。苗床消毒每平方米用绿亨一号1g或绿亨7号2g，加细土1kg，播种后均匀撒入苗床作盖土。绿亨4号5mL/m^2，对水4kg喷洒苗床。种子消毒：每千克种子用绿亨一号1g或绿亨7号2g拌种，充分拌匀后，随即播种。这是培育无病壮苗的重要措施。移栽前2~3d喷一次绿亨2号或其他杀菌剂，是减轻大田发病最经济有效的防病措施。②大田防治：大田发生病害可根据病害的发生种类，选用绿亨2号、绿亨6号进行喷雾防治。施药时间应注意在病害发生初期。在油菜薹高20~30cm和始花期喷施绿亨2号2~3次，能有效防治菌核病的发生，保护开花，结果。病毒病发生严重的地区，要及时防御蚜虫，并用绿亨30%盐酸吗啉胍药肥混剂900~1 200倍液或绿亨20%吗胍·乙酸铜800~1 000倍液进行喷雾。

第七节 花生

一、种子处理

1. 带壳晒种

剥壳前将种果在土质地面上摊5~7cm厚，勤翻动，晒种2~3d，以提高种子活力和消灭部分病菌。

2. 粒选分级

剥壳不宜过早，在不影响播种的前提下，尽量推迟剥壳时间。剥壳后剔除秕瘦、破伤、霉变籽仁，再将种仁按大中小分为 3 级，用一级种，淘汰 3 级种，分级播种。

3. 药剂拌种

防治根腐病、茎腐病播种前用 50%多菌灵可湿性粉剂按种子量的 0.3%~0.5%或 12.5%咯菌腈乳油（适乐时）按种子量的 0.1%拌种，水分晾干后即可播种；防治地下害虫和鼠害用 50%辛硫磷乳油 75mL 加水 1~2kg 拌种 40~50kg。

二、精细播种

1. 适期播种

要根据地温、墒情、品种特性、栽培方法等综合考虑。小麦产量 300kg 以下地块适播期为 5 月 5—15 日，小麦产量 300~400kg 以下地块适播期为 5 月 10—20 日，小麦产量 400kg 以上地块适播期为 5 月 15—25 日。

2. 适墒下种

结合麦田后期灌水给花生播种，营造良好的底墒，以播种层土壤的含水量为田间最大持水量 60%~70%为宜（即抓土成团，松开即散），低于 40%容易造成缺苗，高于 80%易引起烂种、烂芽。

3. 播种方式

采用人工点种或播种耧播种，播种深度 5cm 左右，深浅一致。

4. 播种密度

每亩用种 20~25kg。根据小麦行距，调整好花生株行距，一般行距 30~40cm，穴距 15~20cm。高肥力地块种植 10 000~

10 500 穴/亩，中肥力地块种植 10 500~11 000 穴/亩，低肥力地块种植 11 000~12 000 穴/亩，每穴 2 粒。

三、田间管理

1. 中耕

花生一般中耕 2~3 次。第一次在麦收后及早中耕灭茬；第二次中耕在第一次中耕后 10~15d 进行；第三次在初花期至盛花期前进行，并结合中耕进行培土迎针。

2. 灌溉与排水

花生播种前，如干旱可结合小麦浇水造好底墒。苗期结合追肥进行浇水。花生开花下针至结荚期需水量最大，遇旱及时浇水。花生生长中后期如雨水较多，排水不良，能引起根系腐烂、茎枝枯衰、烂果，要及时疏通沟渠，排除积水。

四、病虫害的防治

（1）防治花生叶斑病、疮痂病等病害　当病叶率达到 10%时，每亩用 17%唑醚·氟环唑悬浮剂 45mL，或 30%苯醚甲环唑·丙环唑（爱苗）乳油 20mL，或 60%吡唑醚菌酯·代森联水分散粒剂（百泰）60g，隔 10~15d 喷 1 次，共喷 2 次。上述药剂要交替施用，喷足淋透。多雨高温天气注意抢晴喷药，如喷药后遇雨，要及时补喷。

（2）防治以蛴螬为主的地下害虫和棉铃虫等地上害虫　对播期早的春花生，根据虫情，在 7 月初花生下针期，选用 30%辛硫磷微囊悬浮剂、或 30%毒死蜱微囊悬浮剂等 1 000 倍液灌墩；或按上述药剂有效成分 100g/亩拌毒土，趁雨前或雨后土壤湿润时，将药剂集中而均匀地施于植株主茎处的土表上，可以防治取食花生叶片或到花生根围产卵的成虫，并兼治其他地下害虫。在二代棉铃虫发生为害初期 6 月下旬至 7 月上旬防治1~3龄幼虫，使用25g/L溴氰菊酯乳油25~30mL/亩，或5%氟啶脲乳油110~140mL/亩，加水1 000倍喷雾，棉铃虫3龄后，使用15%茚虫威悬浮剂10~18mL/亩，加水稀释1 000~1 500倍喷雾，以上药剂均可兼治甜菜夜蛾。大力提倡使用杀虫灯、性诱剂诱杀金龟甲、棉铃虫、甜菜夜蛾、地老虎等害虫。

（3）防治花生蓟马和叶螨的为害　天气干旱有利于这两种害虫发生蔓延，可使用60g/L乙基多杀菌素悬浮剂，加水稀释1 500倍叶面喷雾防治。

（4）要及时防控黄曲霉毒素污染　在加强病虫害防治的基础上，花生生长后期遇旱要适度灌溉，保持适宜的土壤水分，还要做到适时收获，及时干燥，有效防控黄曲霉毒素污染。

五、收获和贮藏

麦套花生生育期短，荚果充实饱满度差，因此不能过早收获，否则会降低产量和品质。应根据天气变化和荚果的成熟饱满度适时收获，一般应保证生育期不低于115d，当花生饱果率达65%~70%时应及时收获。收获后晒至荚果含水量低于10%，花生仁的含水量低于8%（手拿花生果摇晃，响声清脆，用手搓花生仁，种皮易脱落）时在清洁、干燥、通风、无虫害和鼠害的地方贮藏。

第八节　棉花

一、深耕

冬耕能减少病菌、病害、虫害。春耕要早，增加日照好拿苗，深耕增加抗病能力、苗期早发、根深叶茂。

二、科学施肥

施足底肥，以有机肥为主，花铃期及时追肥，注意满足磷钾肥。

三、墒情

墒情是出苗的关键：冬灌或春灌。水是生命的源泉，也是植物出苗的关键，水分足，墒情好、保苗全。

（一）适时播种

播种出苗的最佳温度是 23~25℃，用新高脂膜拌种可防病，提高发芽率。播种后分水不足时可喷施新高脂膜溶液可保温增墒。

（二）株行距合理

等行播种，低肥水 60~70cm，中肥水 70~80cm，高肥水地 80~90cm；亩株数，低肥水地 3 000 株左右，中肥水地 2 500 株左右，高肥水地 2 000 株左右。

（三）整枝

每年看雨量多少、墒情湿干、掌握化控轻重，等行免整枝，大小行可定向整枝，去小行的枝、留大行的枝。整枝病重，免整枝病轻。

（四）全程化控

棉花 7~10 个真叶可喷施壮茎灵溶液，能促根壮苗，叶面厚减少虫害，在花蕾期、幼铃期、棉桃膨大期各喷一次棉花壮蒂灵溶液，整个生育期内灵活掌握，雨多地湿量要大，无雨地旱量要小，少量多次最好，最后化控在株高 1m 左右最好。

（五）遇旱浇水

遇旱浇水以小为宜，水量过大，棉株易形成生长素，出现旺长；旱情严重，水量过大，转化生长素过多，浇水后出现落花、落蕾现象，浇水前先喷棉花壮蒂灵溶液，能有效控制浇水后旺长。

（六）治虫

当前为害棉花的害虫有棉铃虫、盲蝽、蓟马、白粉虱、棉叶螨、象甲等多种害虫。防治棉铃虫注意虫情预报，高峰期抓紧防治，盲蝽的习性昼伏夜出，打药 9 时前，17 时后，效果好，月亮天晚上打最佳。播种时用乐斯本，与除虫剂同时喷，注意地下虫害的防治。喷施新高脂膜溶液可提高棉株对药的吸收利用，减少用药量。

（七）病以防为主

重病地块、播种时可用治棉病的药与新高脂膜拌种（不是浸种）出苗快、苗旺、病苗少，苗期定期喷治棉病的药。

（八）适时打顶

营养枝（滑条）看水肥与长势，3~5 个果枝及时打顶促进果枝生长，主茎约 7 月 15 日前后打顶，打顶后及时喷叶面肥，加速上部果枝生长，5~7 日后喷棉花壮蒂灵溶液，与治虫药同时封顶。

第六章 水产生态养殖技术

第一节 鲤鱼

一、池塘条件

大多数鲤鱼池塘面积 0.67hm² 以上，塘底平坦，水源方便，四周塘埂坚固，大多数池塘水深2m以上，光照充足，配备 4kW 以上叶轮增氧机 2 台，有充足的无污染水源，有相对独立的排水渠道，以及便利的交通。

二、放养前的准备

1. 池塘清整

冬季时干塘，让池塘暴晒 10~20d，清除过多的淤泥，加固池塘四周的塘埂，在全池中泼洒生石灰化浆，一方面可以让有害气体挥发，另一方面可以疏松板结的淤泥。

2. 水质调节

池塘在放养前 7d，注水 1m 左右，将发酵鸡粪施入池塘内，施用量为 2 500~3 000kg/hm²，用光合细菌和肥水型氨基酸培肥水质，再用芽孢杆菌稳定水色。

三、鱼苗放养

1. 鱼种选择

选择无伤无病的 1 龄鲤鱼苗种，而且规格整齐，色泽鲜艳，体质健壮，鳞片完整。放鲤鱼 2.7 万尾/hm²，规格为 2.8~3.5g/尾。放养前先放试水苗，对放养的苗种进行严格消毒，用 5%食盐水浸泡消毒 10min 左右，以确保苗种成活率。

2. 投放时间

一般为上年 10 月中下旬或 11 月上旬。第 2 期在 6 月中下旬第 1 期鱼出塘并清塘消毒后放苗。

四、养殖管理

1. 饵料投放

投放饵料时，坚持"四定"，即定人、定时、定质、定量。从 3 月下旬开始，随着温度和鱼摄食量的加大，适当增加投喂次数和投喂量，以 8 成饱为宜。投喂次数如下：3 月为 1 次/d，4 月为 2~3 次/d，5 月为 3~4 次/d，6—9 月为 4 次/d，10 月为 3~4 次/d，11 月为 1~2 次/d。每天第 1 次投喂时间不可过早，最后一次不可过晚。在晴天中午开启增氧机 2h，阴天清晨亦开机，鱼将要浮头时提前开机。夏季每隔 15d 在晴天下午人工搅动池底，以消除池水底层缺氧，防止鱼浮头。实行分批轮捕，及时捕捞成鱼，以减少池塘负载和溶解氧的消耗，有利于存塘鱼的生长。

2. 水质管理

传统养鱼的水质是不要太肥，也不能太瘦，即保持池塘中有一定的浮游生物饵料，水中溶解氧的主要来源是浮游生物的光合作用，浮游植物数量不足造成溶解氧偏低。一般来说保持 25~40cm 的水体透明度。

（1）溶解氧 虽然鲤鱼对溶解氧的要求并没有其他鱼类那么高，但是仍然尽量保持在 4mg/L 以上，低于 2mg/L 时，就会造成泛塘或鱼浮头，影响了鲤鱼正常的新陈代谢，影响了饲料转化率，无法达到高产的目的。技术人员在平时的技术服务中，要求配备 2kW 增氧机 45~75 台/hm²。有的养殖户虽然有增氧机，但不能正确使用，只是到了鱼浮头时，才开动增氧机，没有发挥增氧机的增氧、曝气、搅水的作用，把增氧机变成了"救鱼机"。尤其对于水深超过 2m 的池塘，在高温季节，池塘出现了分层现象，底层水严重缺氧，水中硫化氢含量增加。一旦向池塘中大量注水，池水分层被破坏，很容易形成鱼浮头或泛塘，因此在晴天中午尽量打开增氧机或其他增氧设备，傍晚时关闭增氧机。

（2）池水的藻相 在养殖鲤鱼的过程中，日常管理重要工作以培养单细胞藻类为主的水体，应以金藻、硅藻、绿藻、黄藻和隐藻为优势藻相形成的淡黄色、黄褐色、黄色和绿色为好。

五、鱼病防治

1. 鱼病预防

坚持"以防为主，防治结合"的原则，做到早预防、早发现、早治疗。在投放鱼苗前用生石灰 2.25t/hm² 彻底清塘外，还要进行定期消毒，用生石灰和消毒精全池泼洒，以及通过喂药饵增强鱼体的抗病能力。

2. 鱼病症状

主要有细菌性鱼病和寄生虫性鱼病。细菌性鱼病表现为鱼体发黑、鳞片脱落、烂鳃、体表出血等；寄生虫性鱼病，表现为烦躁不安、跳跃、钻泥、鳃部和体表黏液增多。

3. 鱼病治疗

一是杀虫，可用灭虫王、敌百虫、硫酸铜及中药制剂和一些农药。灭虫王、敌百虫主要用来杀锚头鳋、蠕虫等；硫酸铜主要用来杀有鞭毛的原生动物；有些虫需要几种药配合一起进行治疗。二是灭菌，有内服和外用 2 种治疗方法。内服药有金霉素、土霉素、氟哌酸和中草药等，这些药按照一定的比例进行治疗常规性细菌病。外用药包括生石灰、无机氯、有机氯和中药制剂，用水溶液泼洒整个池塘以达到灭菌的作用。

第二节 鲫鱼

一、产地环境

1. 产地要求

（1）养殖地应是生态环境良好，无或不直接受工业"三废"及农业、城镇生活、医疗废弃物污染的水（地）域。

（2）养殖区域内及上风向、灌溉水源上游，没有对产地环境构成威胁的污染源（包括工业"三废"、农业废弃物、医疗机构污水及废弃物、城市垃圾和生活污水等）。

（3）底质无工业废弃物和生活垃圾、无大型植物碎屑和动物尸体。无异色异臭，属自然结构。底质有害有毒物质最高限量应符合以下要求：总汞≤0.20mg/kg；镉≤0.50mg/kg；铜≤30mg/kg；锌≤150mg/kg；铅≤50mg/kg；铬≤50mg/kg；砷≤20mg/kg；滴滴涕≤0.02mg/kg；六六六≤0.50mg/kg。

2. 水源、水质要求

水源充足，水质清新，排灌方便。水源水质符合 GB/T 11607 的规定池塘水色呈现豆绿色或黄褐色，透明度在 25~35cm。池塘水质必须达到或符合的主要化学因子指标：有机物耗氧量（COD）为 10~30mg/L、总氮为 0.50~4.50mg/L、总磷为 0.05~0.55mg/L、有效磷大于 0.015pmg/L、溶解氧大于 4mg/L、酸碱度（pH 值）为 7~9、盐度为 0.50‰~4‰；池塘水质符合的主要生物因子指标浮游植物生物量为 20~100mg/L、浮游动物生物量为 5~25mg/L。

3. 池塘条件

主养鲫鱼的池塘面积以 2 000~14 000m² 为宜。池塘水深 3—5 月为 1.50~2m，6—9 月为 2~3m。池塘底部应保持清洁平整，淤泥厚度不超过 0.20m 为宜。每 2 000~3 000m² 水面配 3kW 的增氧机 1 台。并且池塘背风向阳，不渗漏，注排水方便，池底平坦，饲料台设置在池塘上风处。

二、苗种质量

1. 鱼种来源

一是来源于自繁自育的鱼种。二是来源于持有种苗生产许可证的良种场。三是来源于天然水域捕捞的鱼种。

2. 质量要求

（1）外观 体形正常，鳍条、鳞被完整，体表光滑，体质健壮，游动活泼。

（2）可数指标 畸形率和损伤率小于 1%，规格整齐。

（3）检疫合格 无传染性疾病和寄生虫。

三、鱼种放养

1. 放养前的准备

（1）清塘消毒清塘 消毒工作一般在鲫鱼苗种入池前 15d 左右进行。用生石灰 200~250mg/L 或漂白粉 20mg/L 带水清池。

（2）整修与注水 清除过多淤泥、杂物，维修池坡、排水口，加固堤埂。整修清塘后的鱼塘要加注新水，注水时要用密网过滤，防止敌害生物进入。

（3）施基肥 以鲫鱼为主养鱼类的池塘应少施或不施肥。放鱼前一日，将少量试水鱼放入池内网箱中经 12~24h，观察鱼的动态，待池水毒性消失后才可放鱼。

2. 鱼种放养

（1）放养密度　一般的放养密度为：每亩放 40~60g 的大规格鲫鱼种 1 500~2 000 尾，20~60g 的鲢鱼、鳙鱼 150~200 尾，也可放 50~100g 的团头鲂 100 尾。

（2）放养时间　水温在 10℃以上时放养鲫鱼鱼种，驯食成功后再放其他搭配放的鱼种。秋放，宜在 10 月中下旬至 11 月进行，春放，宜在 3 月中下旬至 4 上旬进行。

（3）鱼种消毒　鱼种在放养时应进行药物消毒，可用食盐 2%~4% 浸浴 5min，或高锰酸钾 20mg/L（20℃）浸浴 20~30min，或用聚维酮碘（1%有效碘）30mg/L 浸浴 5min。

四、日常管理

1. 饵料及投喂

（1）依照"四定原则"投喂饵料　但日投饵量应视天气、水色、水温、鱼活动及摄食情况等酌情增减。

定时根据投喂次数合理分配时间，保证投喂时间的相对稳定。定位饵料应投在饵料台上，鲫鱼鱼种放养后，应先在饵料台周围投喂，然后逐渐缩小范围，引导鱼到食料场摄食。

定质饵料不得霉烂变质，应按鲫鱼的营养需要配成颗粒饲料。质量要求应符合《无公害食品渔用饲料安全限量》（NY 5072—2002）的规定。加工渔用饲料所用的原料应符合各类原料标准的规定，不得使用受潮、发霉、生虫、腐败变质及受石油、农药、有害金属等污染的原料。饵料中使用的促生长剂、维生素、氨基酸、脱壳素、矿物质、抗氧化剂或防腐剂等添加剂种类及用量应符合有关国家法规和标准规定；饵料中不得添加国家禁止的药物（如乙烯雌酚、喹乙醇）作为防治疾病或促进生长的目的。购买饵料应从获得有关部门认证的无公害鲫鱼饵料，最好是带有无公害农产品标志的饵料。

定量根据天气、水温和鱼摄食情况合理调节投饲量及投喂次数。水温低于 18℃时，日投饲量为鱼体重的 1%~3%，日投喂 2 次。水温 18℃ 以上时，日投饲量为鱼体重的 3%~5%。日投喂 2~4 次。

（2）饵料要求　鲫鱼的成鱼养殖，以人工颗粒饵料为主，饲料蛋白质含量在 30% 以上，饵料直径 2~3mm 为宜，最大不超过 3.50mm。人工颗粒饲料的参考配方 1 为：鱼粉 15%、豆饼 50%、麦麸 20%、米糠 15%、维生素、微量元素添加剂；参考配方为：鱼粉 15%、豆饼 35%、麦麸 25%、玉米粉 15%、米糠 10%、维生素、微量元素添加剂。

2. 水质管理

（1）调节 pH 值　鲫鱼成鱼养殖要经常关注池塘水质的变化，池水既需保持一定的肥度，也不宜过肥，要求透明度在 30cm 左右。如透明度降到 20cm 左右，水呈乌黑色，表明水质已经趋于恶化，则要及时加注新水。在养殖过程中可适当使用消毒剂进行水体消毒，当池水 pH 值小于 7 时，可全池泼洒生石灰，每次用量为 20~30g/m²，使之保持良好的水质环境。

（2）注入新水　随着季节和水温不同加注新水调节水位，一般每半月 1 次，高温季节每周 1 次，每次注水量为提高水位 15~30cm。饲养期间出现水质老化，应换水，排出总水量 30%，再注新水至原水位。

（3）适时增氧　养殖池应配备增氧机械，每 0.30~0.50hm² 水面配备 2~3kW 增氧机 1 台，每天午后及清晨各开增氧机 1 次，每次 2~3h，高温季节每次 3~4h。闷热或阴雨天气及傍晚下雷阵雨，提早开机，鱼类浮头应及时开机，中途切不可停机，傍晚不宜开机。

（4）清除杂物　经常清除池边杂草和池中腐败污物，保持池塘环境卫生，防止病原菌的滋生。

五、鱼病防治

1. 鱼病的预防

鲫鱼的发病，很多情况是养殖水体环境不良、饲养管理不善而造成病原体的侵袭所致。因此要采取综合防病措施，以预防为主。

一般措施为：鱼苗、鱼种入塘前，严格进行消毒，用2%~4%的食盐水浸浴5min，或20mg/L（20℃）的高锰酸钾溶液浸浴20~30min；鱼苗、鱼种下塘半月后，每立方米水使用1~2g漂白粉（28%有效氯）泼洒1次；高温季节，饲料中按每千克鱼体重每日拌入5g大蒜头或0.47g大蒜素，同时加入适量食盐，连续7d；巡塘时，发现死鱼应及时捞出，埋入土中；病鱼池中使用过的渔具要浸洗消毒，可用2%~4%的食盐水浸浴5min，或205mg/L（20℃）的高锰酸钾溶液浸浴20~30min，或30mg/L的聚维酮碘溶液（1%有效碘）浸浴5min；5—10月，每隔半月用250g漂白粉对水溶化，泼洒在食场及其周围，连续泼洒3d；在拉网锻炼、起捕、筛选运输鱼种及食用鱼轮捕过程中应操作细致，防止鱼体受伤。

2. 渔药的使用

治疗鱼病使用的渔药应以不危害人类健康和不破坏水域生态环境为基本原则，尽量使用生物渔药和生物制品，提倡使用中草药。渔药的使用必须严格按照《无公害食品渔用药物使用准则》（NY 5071—2002）的规定，严禁使用未经取得生产许可证、批准文号、没有产品执行标准的渔药。禁止使用孔雀石绿、五氯酚钠、氯霉素、呋喃唑酮（痢特灵）、硝酸亚汞、醋酸汞、呋喃丹、六六六、滴滴涕、氟氯氰菊酯、甲基睾丸酮等禁用渔药。

严格执行成鱼上市休药制度，成鱼上市前30d停止使用内服药，上市前 10d 停止使用外用药。

第三节 草鱼

一、产地环境及池塘处理

生产无公害草鱼应有专门的养殖基地，并具备一定的规模，基地周围无污染源。基地水源充足，水质良好，符合《无公害食品淡水养殖用水水质标准》。池塘面积以 $0.3 \sim 1hm^2$ 为宜，东西向，长宽比 5：3，水深可保持 2m 左右，池坡比 1：2.5，池埂不渗漏，进排水方便。池塘应清除过多淤泥，保持淤泥 $10 \sim 15cm$。冬季干池暴晒后，在放鱼种前 10d 注水 $10 \sim 15cm$，用生石灰 $2\,250kg/hm^2$ 彻底消毒，经 $2 \sim 3d$ 后注水，对注入池塘的水源及施入的粪肥须经消毒入池，以防病菌等随水肥入池，造成池塘的二次污染。

二、鱼种的来源及放养

养殖无公害成鱼必须选用健康活泼的优质鱼种，繁育鱼种的亲本应来源于有资质的国家认定的原良种场，鱼种经无公害培育而成，质量符合相关标准，具备本品种优良性状。鱼种入池前经消毒处理，可选用二氧化氮（$20 \sim 40mg/L$，$5 \sim 10min$）、食盐（$1\% \sim 3\%$，$5 \sim 20min$）、硫酸铜（$8mg/L$，$15 \sim 30min$）、高锰酸钾（$10 \sim 200mg/L$，$15 \sim 30min$）等药物浸泡消毒。根据生产要求，按 80：20 放养模式投放鱼种，即主养鱼（草鱼）占 80%，配养鱼（鲢、鳙、鲤、鲫鱼等）占 20%。另外可配养少量青虾等优质品种，以充分利用水域空间及残饵，提高养殖效益。

三、饵料投喂的要求

草鱼在自然水域主要取食水草,在池塘的无公害养殖中,宜采用配合颗粒饵料,减少残饵对水质的污染,提高饵料的利用率。加工草鱼颗粒料,应加入一定量的优质草粉,既可降低饵料成本,又能满足草鱼对纤维素等的特殊需求,促进草鱼生长。用于加工的原料,不能有霉变现象,添加药物、矿物质、微生物等应参照相关标准,不得乱加滥用添加剂,尤其不得添加禁用的抗生素。搭配投喂的水旱草,应柔嫩、新鲜、适口。饼粕类及其他植物子实类饵料,要无霉变、无污染、无毒性,并经粉碎、浸泡、煮熟等方式处理后,制成草鱼便于取食、易于消化的饵料。投喂饵料要坚持定时、定位、定质、定量原则,还要通过观察天气、水体情况及鱼的吃食量,确定合理的投喂量。

四、关于渔药的使用

渔药如使用不当,极易在鱼体内残留,造成鱼的质量不合格,因此要慎重使用。

(1) 使用的渔药不得对水域环境造成破坏。

(2) 不得使用"三致"(致畸、致癌、致突变)渔药。

(3) 提倡使用"三小"(毒性小、用量小、副作用小)渔药。

(4) 正确诊断,对症下药,防止滥用药,不得随意加大剂量,延长使用药时间。

(5) 鱼上市前,严格遵循休药期的规定。

(6) 使用泼洒药物应准确计算水体,充分溶解药物,全池泼洒均匀。

(7) 拌饵药物应充分拌匀,黏合度高,均匀投喂。

(8) 严禁将抗生素类直接泼洒到水域中。

另外还要正确掌握施药时间、用药方式，池塘用药后及时跟踪观察，对不同的反应及时采取相应措施。

五、池塘水质的控制

在无公害生产中，水质控制是一项关键的技术环节，保持良好的水域生态环境是生产无公害草鱼的重要要求。养殖草鱼的水质指标为：pH 值 7~8.5，水温 20~28°C，透明度 30~40cm，溶解氧 5mL/L 以上。NH_3-N、H_2S 等控制在不足以影响鱼的正常生长范围内，水体中的浮游生物密度适宜，种类能被鱼摄食，水质保持清新、嫩爽，水域生态呈良性循环。控制水质的措施如下。

（1）每 20d 施用生石灰 1 次，每次 225kg/hm²，可改善底质，提高 pH 值，消除有害物质。

（2）视水体透明度、水温等情况，每月施用 1 次 EM 液、利生菌、光合细菌等微生物制剂，可有效改善水质状况，使水体中的有益菌种占优势。使用微生物制剂的前后 15d 内，不得使用杀菌剂。

（3）适时增氧，可使用增氧机，亦可用增氧剂，适时增氧有利于促进鱼的生长，防止浮头，抑制厌氧菌繁衍，控制 H_2S、NH_3-N 等的产生。

（4）高温季节，水质易变老化，及时更换部分池水，对改良水体环境，促进鱼的生长有益处，高温时可每周换水 1~2 次，每次 30~50mL，应注意对水源的消毒与过滤，以免有害生物及病菌带入池内。

六、适时捕获成鱼

根据放养的种类及规格，到养殖中后期应及时轮捕达到上市规格的成鱼，合理调节池塘载鱼量，使水域生物总量处于一个动态平衡状态，有利于提高鱼的品质和池塘养鱼的综合效益。入冬后，应干池捕获，未达到上市规格的鱼种并塘越冬，空出的池塘经冬季冻晒，清淤除害后，以备翌年再用于生产。

第四节 罗非鱼

一、池塘基本条件

选择良好水源、水质清新、无工业污染、土质良好、交通方便的地方建池，池面积 5~20 亩，水深 2.5~4m，池底平坦，塘基坚固，保水性能好，四周通风无高大挡阳物。塘基最好不建猪栏和三鸟棚（鸡、鸭、鹅棚），如确实建猪栏和三鸟棚，其动物粪便也不能直接排进鱼塘，要经无害化处理后，在合适时期适当投放。

（1）整池、清塘 池塘在放养前应排干塘水，暴晒 1 周以上，并在晒塘期间修补、加固塘基。干池清塘用生石灰 225mg/L，或把塘水保持 1m，亩用茶麸 50kg，打碎浸溶后全池泼洒。清塘后 3d 内不要进新水，以免影响清塘效果。

（2）施肥、培育水质 池塘后 7d 左右，待药物毒性消失，用 60 目筛绢网过滤进水 70~80cm，亩施有机肥 300~400kg，培育浮游动植物饵料。随着水转浓逐渐加注水至 1m。带育苗入池塘后，随水温增高和鱼体长大，逐步加注水到池塘最大蓄水深度。

二、池塘育苗放养

（1）育苗的选择 选择体表光滑无伤、体质健壮、鱼体丰满、规格整齐、雄性率高、规格为 5cm 左右的罗非鱼苗，经 5% 的食盐水或 5~10mg/L 的高锰酸钾溶液浸洗后，放进鱼塘。

（2）放养密度 池塘水经试水无毒性后，按 1 尾/m³ 水体的原则投放罗非鱼苗，适当搭配 50g/尾的大头鱼 40~50 尾/亩，30g/尾的鲢鱼 30~40 尾/亩，待罗非鱼生长至 100g/尾规格后，适时投放南方大口鲶 30~50 尾/亩或配养适量的大口黑鲈。

三、饲养管理

（1）配备增氧设施 按每 5 亩配设增氧机 1 台的原则配备增氧设施，以保证高密度养殖条件下，所养殖的罗非鱼不出现浮头现象。确保高产稳产。

（2）投饲 在养殖过程中，为了节省成本，同时也符合无公害原则，在罗非鱼达到 150g 之前，采用肥水养殖，依靠动物粪便肥塘培育生物饵料养鱼。一般情况下，每周施肥 1 次，每次每亩施放 100~150kg。2—3 月后，待所养的罗非鱼达到 250g/尾的规格后，进入中期养殖。改变养殖方式，投放全价配合罗非鱼饵料养殖，这时，理论上的投喂原则是坚持"四定"投喂，一般情况下每日投放饵料 2 次，每天 9—10 时，17—18 时各 1 次。日投放量时鱼体重的 3%~4%，投放银翔牌罗非鱼饲料 0.75~1kg 可养成 0.5kg 成鱼。实际上，很多养殖户在投放饲料时，只要鱼群能摄食，在不浪费饲料的原则上，鱼群能摄食多少就投多少，所养的罗非鱼生长更快，7~8 个月左右能养成至 1kg/尾以上。中后期，要保持水质清新，确保鱼类有良好的食欲，以达到快速生长。

四、水质管理

保持良好的水质能刺激罗非鱼的食欲，降低饵料系数，提高鱼类的生长速度。在养殖前期，为节约成本，采用肥水养殖。但在中期开始要适时加注新水，调节水质。使养殖水体水质符合《渔业水质标准》（GB 11607—1989）渔业用水水质标准要求和《无公害食品淡水养殖水质标准》（NY 5051—2001）

的有关规定。适时换水、加注新水、机械增养是调节水质的重要手段。因此，每隔 3~4d 要向池塘内加注新水，每次 20~30cm。水质变坏时，应赶快换水，先将池塘水排掉 1/3~1/2，然后加注新水，直至水质变好为止。每隔一段时间也可通过用生石灰 10~15mg/L 全池泼洒，使池水 pH 值始终保持在 7.5~8.5，透明度保持在 25~30cm。在加注新水时，要注意过滤新水，将野杂鱼滤掉，严防其他罗非鱼进入塘内繁殖、混杂。影响罗非鱼的生长和产量。

五、鱼病防治

链球菌病来袭罗非鱼抗病力很强，一般很少出现鱼病。只要坚持以防为主的原则，在投放鱼苗进塘前把好清塘和鱼苗消毒关，是不会出现鱼病的。如有出现鱼病，大多数是由于运输或捕捞擦伤而引起细菌感染，尤其是天气寒冷时，运输后容易染上水霉病，水霉病可用氯杀宁 200~250g/亩，全池泼洒即可。在使用外用泼洒药及内服鱼药时，应符合《无公害食品渔用药物使用准则》（NY 5071—2002）的规定。

第五节 黄鳝

一、选地建池

黄鳝的饲养池要有一定的抗风性、充足的光照、优质的水源。根据养殖数量控制好饲养池的大小，然后要铺设好排灌措施，在进出水口要设立铁丝网防止黄鳝出逃。建立好饲养池后做好池塘的消毒工作，首先要将池塘注满水，看是否有漏水现象。然后将其浸泡 3d，浸泡 4 次左右。浸泡后在池底放入泥土与农家肥，再种植适量的水生植物。既能够调控池塘的温度，又可以让黄鳝休息，其水位保持在 15cm 左右。

二、放养鱼苗

在放养鱼苗前一周，要对池塘进行消毒工作，全池均匀泼洒生石灰。消毒后向池塘注水，池水的温度不可与放养前鱼苗生活的水温相差过大。要保证黄鳝苗的优质，有着较强的生长能力，能够尽快适应养殖环境，所有的黄鳝苗要保证大小差异不大，否则容易出现大吃小的现象。然后要根据养殖数量及养殖条件等控制好养殖密度。最好是与少量的泥鳅进行混养，这样可有效的提高水体溶氧量。

三、养殖管理

黄鳝的饲料要求会随着它生长阶段的改变而改变。因此，为满足黄鳝的营养需求，要合理调整饵料。如在一周内的黄鳝苗主要饵料以浮游生物为主，所以要提高水体的肥力，培养浮游生物。黄鳝有晚上进食的习惯，在养殖前期的时候每天傍晚需要适当投喂饵料。然后随着黄鳝生长年龄增加，可适当提早饲喂时间。两周左右后每天投喂三次左右，保证有充足的营养供黄鳝的生长。

四、水质调节

水质是在养殖过程中需要着重注意。由于天气原因、饵料投喂及黄鳝粪便等会污染水质，因此要定期调节好水质。每次投喂完饲料之后要注意及时捞出黄鳝未吃完的饵料。既要防止污染水质，又要避免饵料变质导致黄鳝误食。同时，要根据季节的变化调整好换水频率，如春季大约一周换一次水，夏季则需要 4d 左右换一次水。并且要经常注入新水，随时保证水质。

第六节　泥鳅

池塘养殖平均亩产 550kg，利润为 5 000 元；稻田生态养殖，平均亩产 220kg，利润为 2 000 元。

一、泥鳅的稻田生态养殖技术

稻田养殖泥鳅，是一种生态型水产养殖。泥鳅个体比较小，适宜在稻田浅水环境中生长。在稻田里，泥鳅经常钻进泥中活动，能够疏松田泥，有利于有机肥的快速分解，有效地促进水稻根系的发育；稻田中的许多杂草种子、害虫及其卵粒，都是泥鳅的良好饵料；同时泥鳅的代谢产物，又是水稻的肥料。所以在稻田中养殖泥鳅，能够相互促进，达到稻、鳅双丰收。根据各地稻田养殖泥鳅的成功经验，现将其技术要点总结如下。

（一）稻田及水稻品种的选择

要求稻田保水性能好，水源充足，排灌方便，稻田面积宜小不宜大。要求水稻品种抗病、耐肥、抗倒伏，单季中晚稻比较适合，直播或者插秧均可。

（二）田间开挖沟渠

鱼沟的设置，解决了种稻和养殖泥鳅的矛盾。鱼沟是泥鳅游向田块的主要通道，可使泥鳅在稻田施肥、施药等操作时，有躲避场所。开沟面积，至少占稻田面积的 5%，做到沟沟相通，不留死角。鱼沟在栽种前后开挖，深、宽各为 0.4m，结合环沟的开挖，可以根据田块的大小，最后鱼沟开成"田"字形或者"井"字形。在栽秧田块中开沟时，可将沟上的狭苗分别移向左右两行，做到减行不减株，利用边行优势，保持水稻产量。环沟宽为 2m，深为 1.5m，开挖环沟的泥土，可用来加固田埂。

（三）设置防逃网

用宽幅为 1.5m 的 7 目聚氯乙烯网片做防逃网。防逃网紧靠四周田埂，至少下埋 0.4~0.5m，用木桩、毛竹、铁丝固定。

（四）设置拦鱼栅

建成弯拱形。进水口凸面朝外，出水口凸面朝内，既加大了过水面积，又使之坚固，不易被水冲垮。拦鱼栅的设置，与防逃网一样，可与防逃网同时施工。

（五）苗种投放

（1）时间 每年 6 月底、7 月初雨季来临时，天然野生泥鳅苗种被大量捕捞上市，这时的泥鳅价格在一年当中最为便宜，要抓住这一有利机会及时收购。人工苗种在水稻返青后投放。

（2）品种选择 针对韩国市场需求，应该选择大鳞副泥鳅进行养殖。大鳞副泥鳅，也称黄板鳅、扁鳅。真泥鳅，又叫泥鳅、圆鳅、青鳅，可供应国内市场。

（3）规格选择 同一田块，应该选择规格一致的泥鳅苗种，这样便于日后的管理。泥鳅筛非常方便，可以把泥鳅按规格分开。

（4）体质选择 要求泥鳅体表光滑，色泽正常，无病斑，无畸形，肥满。除去烂头、烂嘴、白斑、红斑、抽筋、肚皮上翻、游动无力、容易被捕捉的泥鳅个体。

（5）具体操作方法 把泥鳅放置在泥鳅专用筐中，用水激的方法刺激泥鳅，泥鳅就会上下钻动，健康的泥鳅会钻到下面，体弱无力者在上面，其他小鱼、小虾、杂质也会在上面，这时用小盆在泥鳅表层把不健康泥鳅和杂质舀去就可以，剩下的泥鳅再次进行人工挑选即可。

（6）投放量　收购的野生苗种，每亩投放 75~100kg。投放规格为体长 5cm 的人工苗种，每亩 4 万尾，40kg 左右。

（7）泥鳅苗种的运输　用泥鳅专用箱运输。每只箱子存放泥鳅苗种 10kg，加水 8~10kg，用板车送到稻田。路程较远的要降温运输，以确保泥鳅运输的成活率。

（六）泥鳅苗种的消毒

经过人工挑选后，要及时进行消毒。药物一般选择高效低毒消毒剂，用聚维酮碘较为安全。10% 的聚维酮碘溶液，用 0.35mg/L 的浓度药浴，消毒 5min 后及时下塘。

（七）日常管理

（1）巡塘　从投放苗种的第二天开始，就要沿稻田四周巡田查看，及时捞取病死泥鳅，防止其腐烂变质影响稻田水质，传染病害。以后每天坚持巡田，观察泥鳅的活动、摄食等情况，观察防逃网外有无泥鳅外逃，如发现有外逃鳅苗，即要及时检查、修复防逃网；根据剩饵情况，及时调整下次投饵量。

（2）消毒　第 3d 就要进行消毒处理，使用 10% 的聚维酮碘溶液时，浓度为 0.25mg/L，使用强氯精，其浓度为 0.35mg/L，两种药物也可交替使用，效果更好，一天一次，一般 3d 一个疗程。

（3）投喂　苗种投放后第 3d，开始投喂饲料。稻田每亩每天投喂一次，稻田用量为 1~2kg 即可，投料时间为 18 时。经过 7~10d 驯化，泥鳅基本都能在稻田水沟里进行摄食。一般投喂饲料量，在 1~2h 后没有剩余为准。使用的饵料为泥鳅专用全价配合饵料，也可自己配制。稻田中天然饵料比较丰富，即使不投饵，也可获得一定的产量。

（八）稻田的管理

按照一般的方法管理即可，在施肥时注意要少量多次进行，不能对泥鳅造成伤害。施肥原则为重施基肥，少施追肥。每亩每次追肥用量为：尿素 10kg 以下，过磷酸钙 12kg 以下。水稻用药应该选择高效低毒农药，为了防止伤害泥鳅，采取分片施药的办法进行。

通过 3~4 个月的精心饲养，泥鳅达到上市规格，在天气转凉之前及时起捕出售。起捕工具主要是地笼网。使用地笼起捕时，应注意水温的变化。水温在 20℃ 以上时，起捕率较高；水温在 15~20℃ 时，起捕率一般达 95%；当水温在 10℃ 以下时，起捕率只有 30% 左右。建议尽早起捕，根据市场行情出售，也可以暂养到冬季再出售。

二、泥鳅池塘养殖

（一）养殖池塘的选址及塘口要求

养殖泥鳅池塘的准备：面积为 1~2 亩，池塘深为 1~1.5m，东西走向，长宽比 1:（2~2.5），池底淤泥保持 10~15cm，池底在进水口略高些，排水口最低，这样便于操作。池塘具有独立的进、排水系统。高密度养殖池塘，还要在池塘的四周加设栏网防逃。

选择水源充足，水质良好，土质为壤土或黏土的池塘，黄土最佳，交通方便，环境相对安静。

每口池塘面积 1~2 亩，最大不超过 3 亩，池深 1m，水深保持 0.5~0.6m，进水口高出水面 0.5m 以上。用阀门控制水流量。排水口与池塘正常水面持平，排水底孔处于池塘最低处。排水口用防逃网罩上，排水孔用阀门关紧。

（二）苗种放养

在放养前，要清整池底，用漂白粉或生石灰清塘消毒，用量分别为 3kg/亩和 100kg/亩。第三天施基肥并加水至 0.5m 深，亩施有机肥 250kg，采取堆肥方式。10d 药效消失后，即可放苗。放养密度为 6cm 长鳅苗 5 万尾/亩。投苗时，用 2%食盐水消毒 2min，温差不超过 3℃。

（三）饲养管理

正常日投饵量占体重的 2%~4%，投饵次数为每天 4 次，时间分别为 05：30、9：30、14：30 和 18：00。具体投喂量和次数，根据当时的天气、水温等情况适时调整。当秋天水温低于 15℃时，改为每天投喂两次。投喂量渐减，当水温降到 10℃以下时，停止投喂。投饵方式为全池遍洒。每口池塘搭建数个食台，用于检查吃食情况。成鳅养殖，一般要使用正规厂家生产的全价颗粒配合饲料，最好是泥鳅专用沉性饲料，其蛋白质含量不低于 30%。

泥鳅苗种下塘后，由于其对环境的不适应，到处游动造成水质混浊，从第二天开始加水 2~4h，以后连续加水 3~4d，并且每天捞取病死泥鳅及杂质等，第三天上午用 0.35mg/L 的强氯精全池泼洒，第四天上午用 0.5mg/L 的聚维酮碘泼洒消毒。换水是日常管理的重要环节，夏季高温时每天加注新水 5~10cm，老水从排水口溢出。当水温为 20~25℃时，每周换水 2次；当水温为 15℃时，每周换水 1 次。

每月全池泼洒两次聚维酮碘和强氯精进行病害预防，用量分别为 0.5mg/L 和 0.3mg/L。另外，每月用一次"驱虫散"（中草药），预防泥鳅感染原生动物疾病。

当秋季水温下降至 15℃以下时，要抓紧时间起捕上市或暂养。起捕用底拖网，在泥鳅池中反复拖拉，可起捕一半以上，剩余的用地笼网结合水流刺激进行诱捕，一般 3~5d 即可起捕完毕，总起捕率达 90%以上。

第七节 小龙虾

一、苗种繁育（土池繁育克氏原螯虾苗种）

苗种繁育池一般为长方形、东西向，面积为 3~5 亩，池深为 1.5m，池埂坡比 1：3，池中和池埂水草丰富，水源充足，无污染；池塘清野消毒后，在 8—9 月放养挑选合格的亲虾 40~50kg/亩，每天根据吃食量投喂优质饲料，注意水质调节；在翌年 3 月及时捕出产过苗种的亲虾，加强幼虾的培育，在 4 月中下旬起捕克氏原螯虾苗种，进入成虾养殖。整个繁育期间，要及时消除野杂鱼。

二、池塘养殖

池塘养殖分为主养和混养，池塘面积以 8~10 亩为宜，池深为 1.2~1.5m，四周用密网加塑料薄膜作防逃设施，池中水草覆盖率占池水面积的 50%~70%。

苗种放养要求如下。

（1）放养时间。每年的 3—6 月或 9—11 月。

（2）池塘主养。苗种规格为 150~400 尾/kg，放养量为 1.5 万~2 万尾/亩。

（3）池塘混养。混养品种为河蟹或大宗鱼鱼苗，克氏原螯虾苗种规格为 150~400 尾/kg，放养量为每亩 1 万尾左右。

经过长途运输的苗种，放养时要进行缓苗处理，将虾苗和运输箱一起放入池水中浸泡，取出后放在岸上 1~2min，如此反复 2~3 次后进行放养。苗种放养时，要全池多点散放。放养后，要及时投喂饵料。苗种放养后，经养殖 50d 后，可根据生长情况，用地笼进行捕捞上市。

三、稻田养殖

稻田面积以 5~20 亩为宜。要求水源充足，无污染，进、排水方便，保水性好。稻田要加高加固田埂。田中开挖好虾沟虾溜，虾沟宽 3~4m，深 70~80cm。田埂四周，要设防逃设施。虾沟中，要移植水草。克氏原螯虾苗种放养规格为 150~300 尾/kg，放养量，每亩 1 万尾左右；放养时间为 10—11 月或 3—5 月。当虾长到体长超过 8cm，可捕捞上市。

四、滩地增养殖

要求选择水源充沛、水质良好，水生植物和天然饵料资源比较丰富，水位稳定且易控制的草荡或圩滩地，平均水深为 1.5m 左右；四周封闭、能围拦。堤埂要加高加固，开挖一定数量的虾沟或河道，占总面积的 30%，虾沟要求春季能放养虾种、鱼种，冬季能给克氏原螯虾栖息穴居。滩地养虾，通常一次放种多年捕捞，放种以在 7—9 月为宜，放养量 15~25kg/亩；翌年 4—6 月开始捕捞，用地笼进行捕大留小，年底留存同样数量的亲虾，用于作为翌年的虾苗。

五、主要管理措施

（1）保持养殖水质清新，定期泼洒生石灰或微生物制剂。

（2）控制好放养密度，及时捕捞大虾，提高生长速度。

（3）提前投放饲料，通常在 3 月初就要投喂优质饵料，并根据吃食情况及时调整投喂量。

（4）有条件的地方，可以在养殖池中安装微孔增氧设施。微孔增氧机，在 5 月中旬就要开机使用，使用时段通常为 22 时到第二天 6 时，中午开机 1h。

（5）养护好池中水草，在池塘四周可种植水花生、水葫芦等浮水植物。

第八节　河蟹

一、蟹池的选择与改造

河蟹养殖池应选择靠近水源，水质清新、无污染，进水、排水方便的土池。池塘面积以 10~30 亩为宜，池深为 1.2~1.5m，坡度为 1:(2~3)。池塘底部淤泥层不宜超过 10cm，塘埂四周应建防逃设施，防逃设施高 60cm，防逃设施的材料可选用钙塑板、铝板、石棉板、玻璃钢、白铁皮、尼龙薄膜等材料，并以木、竹桩等作防逃设施的支撑物。电力、排灌机械等基础设施配套齐全。

二、生态环境的营造

（1）清塘消毒　养殖池塘应认真做好清塘消毒工作，具体操作方法为在冬季进行池塘清整，排干池水，铲除池底过多的淤泥（留淤泥 5cm），然后冻晒 1 个月左右。至蟹种放养前 2 周，可采用生石灰加水稀释，全池泼洒，用量为 150~200kg/亩。

（2）种植水草　在池塘清整结束后，即可进行水草种植。根据各地具体的环境条件，选择合适的种植种类，沉水植物的种类主要有伊乐藻、苦草、轮叶黑藻等，浮水植物的种类主要有水花生等。池塘内种植的沉水植物在萌发前，可用网片分隔拦围，保护水草萌发。

（3）螺蛳移殖　具体方法为每年清明节前河蟹养殖池塘投放一定量的活螺蛳，投放量可根据各地实际情况酌量增减。螺蛳投放方式可采取一次性投入或分次投入法。一次性投入法为在清明节前，每亩成蟹养殖池塘，一次性投放活螺蛳 300~400kg；分次投入法为在清明节前，每亩成蟹养殖池塘，先投放 100~200kg，然后在 5—8 月每月每亩再投放活螺蛳 50kg。

三、合理放养蟹种

蟹种要求体质好、肢体健全、无病害的本底自育的长江水系优质蟹种。放养蟹种规格为 100~200 只/kg，投放量为 500~600 只/亩，可先放入暂养区强化培育。蟹种放养时间，为 3 月底至 4 月中旬，放种前 1 周加注经过滤的新水至 0.6m。

四、科学饲养管理

河蟹养殖饵料种类，分为植物性饵料、动物性饵料和配合饵料。各种饵料的种类和要求为：植物性饵料可用豆饼、花生饼、玉米、小麦、地瓜、土豆、各种水草等；动物性饵料可用小杂鱼、螺蛳、河蚌等；配合饵料应根据河蟹生长生理营养需求，按照《饲料卫生标准》（GB/T 13078—2001）和《无公害食品渔用配合饲料安全限量》（NY/T 5072—2002）的规定制作配合颗粒饵料。

各生长阶段的动、植物性饵料比例为：6 月中旬之前，动、植物性饵料比例为 60：40；6 月下旬至 8 月中旬为 45：55；8 月下旬至 10 月中旬为 65：35。日投喂饵料量的确定，3—4 月控制在蟹体重的 1% 左右；5—7 月控制在 5%~8%；8—10 月控制在 10% 以上。每日的投饵量，早上占总量的 30%，傍晚占 70%。每次投喂时位置应固定，沿池边浅水区定点 "一" 字形摊放，每间隔 20cm 设一投饵点。

五、池塘水质调节与底质调节

池塘水质要求原则为 "鲜、活、嫩、爽"。养殖池塘水的透明度应控制在 30~50cm，溶解氧控制在 5mg/L 以上。养殖池塘水位 3—5 月水深保持 0.5~0.6m，6—8 月控制在 1.2~1.5m（高温季节适当加深水位），9—11 月稳定在 1~1.2m。

在整个养殖期间，池塘每 2 周应泼洒一次生石灰。生石灰用量为 10~15kg/亩。

河蟹养殖期间，应尽量减少剩余残饵沉底，保持池塘底质干净清洁，如有条件可定期使用底质改良剂（如微生物制剂），使用量可参照使用说明书。

第九节 中华鳖

祖代或父代为来源于河北省境内的子牙河、大清河、滦河等流域内的水库或河道内的野生北方中华鳖，经人工仿生态养殖，成熟后自然产卵人工孵化选育而成的中华鳖纯正品系，其子代具有高度的稳定性和一致性。

一、养殖要点

（1）选择健康纯正的苗种 苗种来自国家、省、市原种场或良种场，规格整齐健壮。

（2）稚鳖肥水下塘，防止白点病感染 稚鳖池加水 15~20cm，施生物肥水素以肥水，4~5d 后水色呈嫩绿色时，将经消毒的鳖苗投放入池，放养量为 30~50 只/m^2。

（3）幼鳖分阶段控温养殖，缩短养殖周期 每年 9—11月、翌年 3—5 月对当年稚鳖进行升温，水温控制在（30±2)℃以内；防止水温、水质的剧烈波动，每天变幅在 1~2℃，防止缺氧。

（4）水质优化调控 每隔 10~15d 用光合细菌生态制剂调节水质 1 次，增加气泵充氧，使池底的有机质充分氧化，保持水体中有益的藻相和菌相系统。

（5）科学饲喂管理 ①投喂全价配合饵料，每日 2 次，每次以 40min 后吃完为宜；②定期（每月 2 次，每次连续 3~5d）投喂健胃促长、清热解毒、提高免疫力的中草药和一些营养性补充剂。一旦发生病害，选择高效低毒的药物治疗，严禁使用违禁药品，并严格掌握休药期；③温室越冬期间，采用双层塑料保温，维持棚内水温3~6℃，水深保持80cm以上，尽量避免冻伤池鳖；④冬眠后，及时改善水质，增氧升温，投喂适口性强的饵料，以恢复中华鳖的体质。

（6）养殖模式　①温室集约化养殖；②仿生态养殖；③池塘鱼鳖混养；④大水面生态养殖；⑤稻田养殖。

二、仿生养殖效果

采用以上措施饲养的鳖，野性十足，与野生鳖外观、风味、营养几乎无异，售价超出同规格集约化养殖鳖30元/kg，折合周年亩产800~1 300kg，亩效益3万元以上。特别是养殖期为20~24个月、规格在1 000g左右的模式，售价可达120元/kg以上。

该模式也可以与露天池塘养殖结合起来，采用二级仿生养殖，即在棚内将中华鳖集约化养至250g以上，转入外塘自然养殖12~18个月，放养密度为每亩1 200~1 500只，同时按2∶1的比例套养大规格鲢、鳙鱼种300尾/亩，移栽浮萍、轮叶黑藻、水葫芦，面积为水面的1/10；搭配投喂新鲜杂鱼（按饵料干重1/4）和适量蔬菜，这样获得的商品鳖质量更胜一筹。

第七章 畜禽生态养殖技术

第一节 生态循环养畜

家畜，尤其是猪在我国畜牧业中占有十分重要的地位。生态循环养畜是生态循环养殖体系中一个重要组成部分。发展生态循环养畜是农畜商品经济发展和净化环境的需要。当前，我国的生态循环养畜是以饲料能源的多层次利用为纽带，以家畜饲养为中心的种植、养殖、沼气、水产等多业有机结合的生态系统。这种突出种养结合的生态循环养殖系统，在动物养殖业效益较低的情况下，对稳定畜牧业发展，促进农、林、牧、副、渔全面发展，解决畜牧发展与环境的矛盾，有着重要作用。

一、生态循环养畜的特点

（一）高效生态循环养畜适合中国国情

20世纪80年代以来，由于中外合资畜牧企业的出现及从国外引进全套养殖设备，家畜工厂化养殖在沿海及部分城市兴起。这种全封闭或半封闭、高密度养殖方式确能大大提高生产率。但这种高刻度养畜必须有一整套环境工程设施。需高投入、高能耗，如广东引进美国三德万头猪生产线，猪舍及部分设备70万美元，国内配套设施40万元。每出栏1头100kg肉猪耗电近30度，全场日耗水150~200m³。若某一个环节上出现问题，就有可能导致全场崩溃。所以，这种高投入、高能耗的养畜方式，只能靠产品外销才能获取利润。再从传统的动物养殖方式看，以养猪业为例，由于养猪资金的利润率和贷款利润率差不多，养猪劳动收入又低于其他行业的平均收入。据调查，一些已具相当规模和集约化水平的猪场目前多处于微利和亏损之间，养猪的利润只有1%，有的甚至没有利润，导致许多猪场倒闭或转产。生态循环养畜系统按不同生态地理区域，把传统的养殖经验和现代的科学技术相结合，运用生物共生原理，把粮、草、畜、禽、鱼、沼气、食用菌等联系起来构成一个生态循环体系，以最大限度地利用不同区域内各种资源，降低成本，搞好生产效率。这是适应中国国情的。

（二）有利于净化环境

畜禽粪便等废弃物对环境的污染，日益受到人们的关注。据测算，1头猪年产粪尿2.5t，若以生化需要量（BDD）换算，相当于10个人年排出的粪尿量，那么养100万头肉猪就相当于1 000万人的粪尿量，其污染负荷若对一个城市来说将是不堪设想的。这也就是20世纪60年代后一些欧洲国家出现的"畜产公害"。生态循环养畜强调牧、农、渔有机结合，畜禽粪肥除用作肥料，还可作为配合饲料中的一部分，直接为鱼等动物所取食利用，这不仅降低了生产成本，而且为粪便处理提供了可行途径，净化了环境，体现了较高的生态效益。

（三）有利于物质的多层次利用

沼气和食用菌是生态循环养畜生物链中最常用的生态接口环节。畜禽饲料能量的1/4左右随粪便排出体外，利用高能量转化率的沼气技术，不仅可以保护养殖场环境、改善劳动卫生状况，解决当前能源紧缺，同时沼渣可作为新的饲料、培养食用菌或作肥料。最近研究表明，可以从沼渣中提取维生素 B_{12}。食用菌则既是有机废物分解者，又是生产者，促进了生物资源的循环利用。经培养食用菌的菌渣，其粗蛋白和粗脂肪含量提高了1倍以上，用菌渣喂猪、牛其效果与玉米粒相同。用某些菌种处理小麦秸秆制成的菌化饲料喂奶牛，可提高产奶量15%。经沼气或食用菌生态接口环节形成的腐屑食物链，可增加产品输出，搞好生物能利用率，提供新的饲料源。所以，生态循环养畜工程实现了物质的多层次利用，系统效益自然得到提高。

（四）牧渔结合有效地发挥水体的作用

陆地的畜禽养殖和水体鱼类养殖相结合，延长了食物链，增加了营养层次，可充分利用和发挥池塘、湖泊等水体的生产力。例如，西安种畜场利用猪粪尿发展绿萍等水生植物，最高年产量达5万kg/亩，折粗蛋白量为669kg，相当于9亩大豆的蛋白质产量。光能利用系数达6.6%，直接为养畜、鱼类提供了优质饲料和饵料。同时水塘具有蓄水集肥等作用，可有效地减少物质的流失，使之沉积在塘泥中为初级生产提供优质肥料。

二、生态循环养畜模式

近几年来，各地运用生态系统的生物共生和食物链原理及物质循环再生原理，创立了多种生态循环养畜模式，形成了不同特点的综合养畜生产系统。现将几种主要模式介绍如下。

（一）粮油加工—副产品养畜—畜粪肥田模式

（1）粮食酿酒—糟渣喂家畜—粪肥田。

（2）粮食酿酒—糟酒喂家畜—粪入稻田-稻鱼共生。

（二）粮食喂鸡—鸡粪喂猪—粪制沼气或培育水生植物

（1）粮食喂鸡—鸡粪喂猪—粪入渔塘—塘泥肥田。

（2）鸡、兔粪喂猪—粪制沼气—沼渣肥田。

（3）鸡粪喂猪—粪制沼气—沼液养鱼、沼渣养蚯蚓—蚯蚓喂鸡。

（4）鸡粪喂猪—粪尿入池培育绿萍—绿萍喂畜或鱼。

（三）秸秆、草喂草食动物—粪作食用菌培育料

（1）秸秆、野草喂牛—粪作蘑菇培养料—脚料养蚯蚓—蚯蚓喂鸡—鸡粪喂猪—猪粪肥田。

（2）种草喂牛、羊、兔—粪制沼气—沼渣培养食用菌沼液养鱼。

（3）种草养牛—粪养蚯蚓—蚯蚓喂鱼—塘泥种草。

三、糟渣养猪技术

糟渣（包括饼粕）是一类资源量很大的农副产品。糟渣养猪是生态循环养殖的主要内容。生态循环养殖的中心内容就是把加工业、养猪业、种植业紧密地结合起来，形成一个有机的生态循环系统，扩大能流和物流的范围，把各种废弃物都利用起来，作为养猪业的饲料资源，从而保持生态平衡，争取较高的经济效益和生态效益，实现良好循环。

（一）加工副产品的种类和营养价值

加工副产品种类很多，这里仅列举一些主要种类介绍如下。

1. 豆饼

豆饼是大豆榨油后的副产品，是一种优质蛋白质饲料。一般含粗蛋白43%左右，且蛋白质品质较好，必需氨基酸的组成合理，种类齐全，富含赖氨酸和色氨酸；粗脂肪含量为5%，粗纤维6%；含磷较多而钙不足，缺乏胡萝卜素和维生素D，富含核黄素和烟酸。

2. 棉籽饼

棉籽饼为提取棉籽油后的副产品。一般含粗蛋白32%~37%，含磷较多而含钙少，缺乏胡萝卜素和维生素D。但棉籽饼含有棉酚，对动物具有毒害作用。

3. 花生饼

一般含粗蛋白 38% 左右，赖氨基酸与蛋氨酸的含量比豆饼少，尼克酸的含量较高，是猪的良好蛋白质补充饲料。

4. 粉渣和粉浆

粉渣和粉浆是制作粉条和淀粉的副产品，质量的好坏随原料而有所不同，如用玉米、甘薯、马铃薯等做原料产生的粉渣和粉浆，所含的营养成分主要是残留的部分淀粉和粗纤维，蛋白质含量较低且品质较差。无机物方面，钙和磷含量不多，也不含有效的微量无机物。几乎不含维生素 A、维生素 D 和 B 族维生素。

5. 酒糟和啤酒糟

酒糟是酿酒工业的副产品，由于所用原料多种多样，所以其营养价值的高低也因原料的种类而异。酒糟的一般特点是无氮浸出物含量低，风干样本中粗蛋白含量较高，可达到 20%~25%，但蛋白质品质较差。此外，酒糟中含磷和 B 族维生素很丰富，但缺乏胡萝卜素、维生素 D，并残留一定量的酒精。

啤酒糟是以大麦为原料制作啤酒后的副产品。鲜啤酒糟的水分含量在 75% 以上，干燥啤酒糟内蛋白质含量较多，约为 25%，粗脂肪含量也相当多。此外，由于啤酒糟里含有很多大麦麸皮，所以粗纤维含量也较多。

6. 豆腐渣

豆腐渣是以大豆为原料加工豆腐后的副产品，鲜豆腐渣含水 80% 以上，粗蛋白 4.7%，干豆腐渣含粗蛋白 25% 左右。此外，生豆腐渣中还含有抗胰蛋白酶，但缺乏维生素。

7. 酱油渣

酱油渣是以豆饼为原料加工酱油的副产品。酱油渣含水 50% 左右，粗蛋白 13.4%，粗脂肪 13.1%。此外，酱油渣含有较多的食盐（7%~8%），故不能大量用来喂猪。

（二）利用加工副产品养猪

1. 豆饼

豆饼是猪的主要蛋白质饲料，用豆饼喂猪不会产生软脂现象。在豆饼资源充足的情况下，可以少喂动物性蛋白质饲料（如鱼粉等），甚至可以不喂，以降低饲料成本。豆饼宜煮熟喂，以破坏其中妨碍消化的有害物质（抗胰蛋白酶等），提高消化率并增进适口性。豆饼的喂量，在种类猪的日粮中可占10%~25%。

2. 棉籽饼

棉籽饼的最大缺点是含有棉酚，喂量过多、连续饲喂时间过长或调制不当，常易引起中毒。棉籽饼可分机榨饼和土榨饼两种。机榨饼比土榨饼（未经高温炒熟）含毒量低，在有充足青饲料的条件下，未经处理的机榨饼只要喂量不超过10%，一般不会发生中毒现象。土榨饼含毒量高，用作饲料时必须经过去毒处理。棉籽饼的脱毒方法，目前公认的最方便有效的方法是硫酸亚铁法，用1%硫酸亚铁水溶液浸泡一昼夜后，连同溶液一起饲喂。也可对棉籽饼进行加热处理，蒸煮2~3h即可使棉酚失去毒性。此外，用100kg水加草木灰12~25kg（或加1~2kg生石灰），沉淀后取上清液，浸泡棉籽饼一昼夜，水与饼之比为2:1，清水冲洗后即可饲喂。去毒后的棉籽饼育肥猪可占日粮的20%，但喂1~2个月后，须停喂7~10d，并多喂青饲料和适当补充矿物质饲料。母猪可喂到15%，妊娠母猪、哺乳母猪以及15kg以下的仔猪最好不喂。

3. 花生饼

花生饼也是猪的优质蛋白质饲料，可单独饲喂，也可与动物性蛋白质饲料饲喂。由于花生饼的氨基酸组成中缺乏赖氨酸和蛋氨酸，补喂动物性蛋白质饲料以补充缺乏的氨基酸效果更好。猪喜食花生饼，但喂量不可过多，否则可致体脂变软，一般花生饼在猪日粮中的比例以不超过 15% 为宜。

4. 粉渣和粉浆

由于粉渣和粉浆的营养价值低，如长期大量用来喂猪，可使母猪产生死胎和畸形仔猪，仔猪发育不良，公猪精液品质下降等。因此在大量饲喂粉渣时，必须补充蛋白质饲料、青饲料和矿物质饲料。干粉渣的喂量，幼猪一般在 30% 以下，成猪在 50% 以下。

5. 酒糟和啤酒糟

酒糟不适于大量喂种猪，特别是妊娠母猪和哺乳母猪，否则易出现流产、死胎、怪胎、弱胎和仔猪下痢等情况。这主要是由于酒糟中含有一定数量的酒精、甲醇等的缘故。为了提高出酒率，常在原料内加入大量稻壳，猪采食后不易消化，因此酒糟最好晒干粉碎后再喂。

酒糟所含养分不平衡，属于"火性"饲料，大量饲喂易引起便秘，所以喂量不宜过多，最好不超过日粮的 1/3，并且要搭配一定量的玉米、糠麸、饼类等精料，并补充适量的钙质，特别是要多搭配一些青饲料，以弥补其营养缺陷并防止便秘。

啤酒糟体积大，粗纤维多，所以应限制其喂量，在猪日粮中的比例以不超过 20% 为好。

6. 豆腐渣

豆腐渣含水多，容易酸败，生豆腐渣中还含有抗胰蛋白酶，喂多了易拉稀。饲喂前要煮熟，破坏抗胰蛋白酶，并注意搭配青饲料和其他饲料。

7. 酱油渣

酱油渣含有较多的食盐，所以不能大量用来喂猪，否则易引起食盐中毒。干酱油渣在猪日粮中的用量以 5% 左右为宜，最多不超过 7%，一般作为猪的调味饲料使用。同时注意不用变质的酱油渣喂猪。

第二节　草牧沼鱼综合养牛

草牧沼鱼综合养牛的中心内容是秸秆（草）养牛—牛粪制沼气—沼渣和沼液喂鱼。

一、作物秸秆营养特点

作物秸秆产量多，来源广，是牛等草食动物冬春两季的主要饲料来源，其营养特点如下。

（1）粗纤维含量高，在 18% 以上，有的甚至超过 30%。

（2）无氮浸出物（NFE）中淀粉和糖分含量很少，主要是一些半纤维素 NFE 的消化率低。如稻草 NFE 的消化率仅为 45%。

（3）粗蛋白含量低，蛋白质品质差，消化率低。

（4）豆科作物秸秆中一般含钙较多，而磷的含量在各种秸秆中都较低。

（5）作物秸秆含维生素 D 较多，其他维生素的含量都较低，几乎不含胡萝卜素。

二、秸秆喂牛技术

作物秸秆，如麦秸、玉米秸和稻草等很难消化，其营养价值也很低，直接使用这类秸秆喂牛的效果很差，甚至不足以满足牛的维持营养需要。若将这类饲料经过适当的加工调制，就能破坏其本身结构，提高消化率，改善适口性，增加牛的采食量，提高饲喂效果。秸秆加工调制的方法主要如下。

（一）切短

切短的目的利于咀嚼，减少浪费并便于拌料。对于切短的秸秆，牛无法挑食，而且适当拌入糠麸时，可以改善适口性，提高牛的采食量。"寸草铡三刀，无料也上膘"是很有道理的。秸秆切短的适宜长度以 3~4cm 为宜。

（二）制作青贮料

青贮是能较长时间保存青绿饲料营养价值的一种较好的方法。只要贮存得当，可以保存数年而不变质。

青贮可分为一般青贮、低水分青贮和外加剂青贮。这几种青贮的原理，都是利用乳酸菌发酵提高青贮料的酸度，抑制各种杂菌的活动，从而减少饲料中营养物质的损失，使饲料得以保存较长的时间。利用青贮窖、青贮塔、塑料袋或水泥地面堆制青贮饲料时，都要求其设备便于装取青贮料，便于把青贮原料压紧和排净空气，并能严格密封，为乳酸菌活动创造一个有利的环境。

1. 一般青贮方法

我国通常采用窖式青贮法（地下窖、半地下窖等）。窖的四壁垂直或窖底直径稍小于窖口直径，窖深以 2~3m 为宜。这样的窖容易将原料压紧。原料的适宜含水量为 60%~80%。为便于压实和取用，应将青贮原料铡短为 2~3cm。边装边压实，窖壁、窖角更需压紧。一般小窖可用人工踩踏，大窖可用链轨式拖拉机镇压。

装满后立即封窖。可先在上面铺一层秸秆，再培一层厚约 33.3cm 的湿土并踩实。如用塑料薄膜覆盖，上面再压一层薄土，能保持更加密闭的状态。封窖后 3~5d 内应注意检查，发现下沉时，须立即用湿土填补。窖顶最好封成圆弧形，以防渗入雨水。

2. 低水分青贮法

低水分青贮法又称半干青贮法，这种青贮料营养物质损失较少。用其喂牛，干物质采食量和饲料效率（增重和产奶）

分别较一般青贮约提高 40% 和 50% 以上。低水分青贮料含水量低，干物质含量较一般青贮料多 1 倍，具有较多的营养物质，适口性好。

制作方法是将原料刈割后就地摊开，晾晒至含水量达 50% 左右，然后收集切碎装入窖内，其余各制作步骤均与一般青贮法相同。

3. 外加剂青贮

主要从 3 个方面来影响青贮的发酵作用：一是促进乳酸发酵，如添加各种可溶性碳水化合物，接种乳酸菌、加酶制剂等，可迅速产生大量乳酸，使 pH 值很快达到 3.8~4.2；二是抑制不良发酵，如加各种酸类、抑制剂等，可阻止腐生菌等不利于青贮的微生物生长；三是提高青贮饲料营养物质的含量，如添加尿素、氨作物，可增加青贮料中蛋白质的含量。

这 3 个方面以最后一种方法应用较多。其制作方法一般是：在窖的最底层装入 50~60cm 厚的青贮原料，以后每层为 15cm，每装一层喷洒一次尿素溶液。尿素在贮存期内由于渗透、扩散等物理作用而逐渐分布均匀。尿素的用量每吨原料加 3~4kg。其他制作法与一般青贮法相同，窖存发酵期最好在 5 个月以上。

(三) 秸秆的碱化处理

19 世纪末，人们就开始用碱处理秸秆来提高消化率的试验。1895 年法国科学家 Leh-mann 用 2% NaOH 溶液处理秸秆，结果使燕麦秸秆的消化率从 37% 上升到 63%。Beckmann 于 1919 年总结出了碱处理的方法：在适宜的温度下，用 1.5% 的 NaOH 溶液浸泡秸秆 3d。后来的研究又指出，浸泡时间可缩短到 10~12h。随着进一步的研究，以后又发展了用氨水、无水氨和尿素等处理秸秆的方法，对提高秸秆的营养价值起到了一定的作用。

碱化处理的原理是：秸秆经碱化作用后，细胞壁膨胀，提高了渗透性，有利于酶对细胞壁中营养物质的作用，同时能把不易溶解的木质素变成易溶的羟基木质素，破坏了木质素和营养物质之间的联系，使半纤维素、纤维素释放出来，有利于纤维素分解酶或各种消化酶的作用，提高了秸秆有机物质的消化率和营养价值。如麦秸经碱化处理后，喂牛消化率可提高20%，采食量提高 20%~45%。

1. 氢氧化钠处理

用氢氧化钠处理作物秸秆有两种方法，即湿法和干法。湿法处理是用 8 倍秸秆重量的 1.5%氢氧化钠溶液浸泡秸秆 12h，然后用水冲洗，直至中性为止。这样处理的秸秆保持原有结构与气味，动物喜食，且营养价值提高，有机物质消化率提高24%。湿法处理有两个缺点，一费劳力，二费大量的清水，并因冲洗可流失大量的营养物质，还会造成环境的污染，较难普及。Wilson 等（1964）建议，改用氢氧化钠溶液喷洒，每100kg 秸秆用 30kg 1.5%氢氧化钠溶液，随喷随拌，堆置数天，不经冲洗而直接饲喂，称为干法。秸秆经处理后，有机物的消化率可提高 15%，饲喂牛后无不良后果。该方法不必用水冲洗，因而应用较广。

2. 氨处理

很早以前，人们就知道氨处理可提高劣质牧草的营养价值，但直到 1970 年后才被广泛应用。为适用不同地区的特定条件，其处理方法包括无水氨处理、氨水处理及尿素处理等。

（1）无水液氨处理　氨化处理的关键技术是对秸秆的密封性要好，不能漏气。无水氨处理秸秆的一般方法是，将秸秆堆垛起来，上盖塑料薄膜，接触地面的薄膜应留有一定的余地，以便四周压上泥土，使呈密封状态。在垛堆的底部用一根管子与装无水液氨的罐相连接，开启罐上的压力表，按秸秆重量的 3% 通进氨气，氨气扩散很快，但氨化速度较慢，处理时间取决于气温。如气温低于 5℃，需 8 周以上；5~15℃需 4~8 周；15~30℃需 1~4 周。氨化到期后，要先通气 1~2d，或摊开晾晒 1~2d，使游离氨挥发，然后饲喂。

（2）氨水处理　用含量 15% 的农用氨水氨化处理，可按秸秆重量 10% 的比例把氨水均匀喷洒于秸秆上，逐层堆放，逐层喷洒，最后将堆好的秸秆用薄膜封紧。

（3）尿素处理　尿素使用起来比氨水和无水氨都方便，而且来源广。由于秸秆里存在尿素酶，尿素在尿素酶的作用下分解出氨，氨对秸秆进行氨化。一般每 100kg 秸秆加 1~2kg 尿素，把尿素配制成水溶液（水温 40℃），趁热喷洒在切短的秸秆上面，密封 2~3 周。如果用冷水配制尿素溶液，则需密封 3~4 周。然后通气一天就可饲喂。

秸秆经氨法处理，颜色棕褐，质地柔软，牛的采食量可增加 20%~25%，干物质消化率可提高 10%，其营养价值相当于中等质量的干草。

（四）优化麦秸技术

小麦秸用于喂牛虽有多年历史，但由于原麦秸营养价值低，粗纤维含量高，适口性差，饲喂效果不够理想。

原莱阳农学院（现青岛农业大学）研制出了一种利用高等真菌直接对小麦秸优化处理的生物学处理方法。经过多年经验，初步筛选出比较理想的莱农 01 和莱农 02 优化菌株，并研究出简便易行的优化生产工艺。结果表明，高等真菌优化麦秸后，不仅能使纤维素和木质素降解，而且可使高等真菌的酶类与秸秆纤维产生一系列生理生化和生物降解与合成作用，从而使小麦秸的粗蛋白和粗脂肪的含量大幅度提高，而粗纤维的含量则显著下降。

优化麦秸的方法为：将质量较好的麦秸，放入 1%~2% 的生石灰水中浸泡 20~24h，以破坏麦秸本身固有的蜡质层，软化细胞壁，使菌丝容易附着。捞出麦秸后，空掉多余的水分，使麦秸的含水量在 60% 左右。然后采用大田畦沟或麦秸堆垛方式进行菌化处理，每铺 20cm 厚的麦秸，接种一层高等真菌，后封顶，防止漏水。一般经 20~25d 的菌化时间，菌丝即长满麦秸堆，晒干后即可饲喂。

据试验，优化麦秸喂牛，适口性好，采食量大，生长发育好，平均日增重为 681g，比氨化麦秸和原麦秸分别提高 216g 和 304g。

三、沼液喂鱼技术

搞好养猪、养鸡和养牛业的同时，结合办沼气，利用沼肥养鱼，是解决渔业肥料来源，降低生产成本，充分利用各种资源，加快系统内能量和物质的流动，净化环境，提高经济效益和生态效益的一种新途径，也是生态渔业的一种新模式。

湖南省平江县三兴水库是一座小型水库，库容 140 万 m³，灌田 3 035 亩，养鱼水面 73 亩。1980 年开始养鱼，到 1984 年止，5 年共产鱼 3 万 kg，年均亩产 82kg。1985 年建起沼气池，利用沼肥养鱼，至 1987 年，3 年平均亩产鱼 157kg，比前 5 年每亩增产 75kg。1985 年该库为了增强渔业后劲，进一步发展养猪、养鸡业，开辟新的肥料来源。平均每亩水面配养猪 1.5 头，共养猪 100 多头，年产粪 25t；年养鸡 5 000 只，产粪 45t。建容积为 47m³ 的沼气池一个，大部分人畜粪先入池制作沼气。沼渣、沼水下库养鱼，形成猪粪、鸡粪制沼气，沼肥养鱼生态循环模式，使鱼产量大幅度提高，成本下降。

人、畜粪制取沼气后有 3 个方面的优点。一是肥料效率提高。人畜粪在沼气池中发酵，除产生沼气外，在厌氧情况下产生大量的有机酸，把分解出来的氨态氮溶解吸收，减少了氨态氮损失，因而提高了肥效。二是肥水快。肥料在沼气池中充分发酵分解，投入库中能被浮游植物直接利用，一般施肥后 3~5d

水色发生明显变化，浮游生物迅速繁殖，达到高峰。比未经沼气池发酵直接投库的肥料提早 4d 左右。三是鱼病减少。投喂沼渣和沼水后，鱼病很少发生。

实践证明，库区发展养牛、养猪、养鸡，用其粪便和杂草制沼气，沼渣、沼水养鱼，是解决水库养鱼饲料来源的有效措施，也是生态渔业的一种模式，其特点是能使各个环节有机结合，互补互利，形成一个高效低耗、结构稳定可靠的水陆复合生态系统。

第三节　生态循环养禽

生态循环养禽，是应用生态工程原理，通过农、牧、渔的有机结合，把规模化养禽业与其他养殖业以及资源利用、环境保护结合起来，充分利用各种资源，提高物质利用率，加快系统内能量的流动和物质的循环，提高经济效益、社会效益和生态效益，促进养禽业的发展。生态循环养禽的特点如下。

一、禽类对动物蛋白的需要

蛋白质是生命的物质基础，是构成禽体细胞的重要成分，也是构成禽产品——肉和蛋的主要原料。家禽在生长发育、新陈代谢、繁殖和生产过程中，需要大量蛋白质来满足细胞组织的更新和修补的要求，其作用是其他物质无法代替的。

由于禽蛋白质中含有各种必需氨基酸，而禽体内又不能合成足够数量的必需氨基酸满足代谢和生产的需要，必须由饲料中供给。禽类对蛋白质的需要，实质上是对各种必需氨基酸的需要，如鸡生长需要 11 种必需氨基酸。就不同种类蛋白质饲料来说，动物性蛋白饲料较植物性蛋白质饲料所含的必需氨基酸种类齐全，数量也较多，特别是赖氨酸、蛋氨酸、色氨酸 3 种限制性氨基酸的含量比植物性蛋白质高得多，其生物学价值也较高。因此，动物性蛋白质饲料是家禽日粮中必需氨基酸的重要来源，但动物性蛋白质饲料来源日趋紧张，如鱼粉主要靠国外进口，成本高。所以，解决家禽对动物蛋白需要的矛盾已迫在眉睫。

生态循环养禽正是解决这一矛盾的关键。例如，用畜禽粪便养殖蚯蚓，再用蚯蚓喂鸡，是实现物质循环、解决禽类动物性蛋白质饲料来源的有效途径。据测定，蚯蚓干体中蛋白质的含量为66%，接近于秘鲁鱼粉，在禽类的日粮中可用蚯蚓替代等量的鱼粉，且成本低，效果好。

实践证明，用蚯蚓喂肉鸡、产蛋鸡和鸭，可以提高增重，节约粮食，多产蛋，降低成本。更主要的是解决了禽类动物性蛋白饲料来源的不足。

此外，在生态循环养禽实践中，也可用禽类粪便养殖蝇蛆，其蛋白质含量为60%，必需氨基酸含量齐全，也是禽类良好的蛋白质饲料来源。

二、禽类消化特点与禽粪营养价值

搞好生态循环养禽，必须首先了解家禽的消化特点以及禽粪的营养价值，然后加以综合利用。

1. 禽类消化特点

家禽消化道结构与家畜明显不同。家禽有嗉囊和肌胃，喙啄食饲料进入口腔，通过食道进入嗉囊存留，停留时间一般为2~15h，而后饲料通过肠道进入肌胃，在肌胃中借助于砂粒磨碎饲料；家禽消化道短、容积小，饲料通过时间短（2~4h），对营养物质的消化利用率低。此外，家禽消化道无酵解纤维素的酶，故对粗纤维的消化力差，盲肠只能消化少量的粗纤维。

2. 禽粪营养价值

家禽由于消化道较短，消化吸收能力差，很多营养物质随粪便排出体外。因此，禽粪中残存的营养物质很多。目前对禽粪再利用研究较多的是鸡粪。在鲜鸡粪中含有干物质26.49%、粗蛋白8.17%、粗脂肪0.96%、粗纤维3.86%、粗灰分5.2%、无氮浸出物8.27%、磷0.50%、钾0.40%。干鸡粪中所含的营养物质与麸皮、玉米、麦类等谷物饲料相似。

鸡粪中还含有丰富的B族维生素，其中以维生素B_{12}较多。鸡粪中还含有全部必需氨基酸，其中赖氨酸（0.51%）和蛋氨酸（1.27%）含量均超过玉米、高粱及大麦等谷物饲料。鸡粪中还含有多种矿物质元素。因此，开发鸡粪作为畜牧业生产的饲料，是目前国内外鸡粪处理利用研究的热点。

第四节　林下养鸡

一、林下养鸡品种

林下养鸡品种选择依据饲养目的（肉用、肉蛋兼用、蛋用）而定，由于放牧饲养环境较为粗放，应选择适应性强、抗病、耐粗饲、勤于觅食的鸡种进行放养。

（1）肉用型品种　主要选择经过改良的优质鸡品种或地方鸡品种，如三黄鸡、清远麻鸡、乌骨鸡、北京油鸡，以及肉蛋杂交等品种。舍饲条件下普通黄鸡一般饲养期90d，体重达1.59kg，料重比3.27：1；清远麻鸡105d出栏体重1.4kg，料肉比3.7：1。

北京油鸡105d出栏体重为1.45kg，料重比3.8：1；肉蛋杂交鸡56d出栏，平均体重1.65kg，料重比2.31：1。如果利用天然草场和果树下45日龄起，经过4个半月放养平均体重2.25kg，成活率达90.5%；料重比为1.63：1，降低精料消耗40.94%。

（2）肉蛋兼用型品种　主要包括固始鸡、浙江仙居鸡、华北柴鸡等地方品种和选育品种。华北柴鸡 84d 前增重较快，112d 体重在 1.0kg，以后每周增重在 60g 左右，并呈现下降趋势，成年母鸡体重 1.5kg 左右，公鸡体重 2.5kg 左右。

笼养条件下，华北柴鸡 120d 见蛋，达 50% 产蛋率时间为 160d 左右，产蛋高峰日龄为 170d，产蛋高峰 75%~80%，70% 以上维持 4~5 个月，年产蛋量 220 枚。

放养条件下，华北柴鸡高峰产蛋率 65% 左右，日补料必须在 105g 以上，料蛋比 3.7：1。

（3）蛋用型品种　适合放养的蛋用型品种有农大 3 号小型鸡、绿壳蛋鸡。

农大 3 号小型鸡 22~61 周龄放养期间平均产蛋率 76%，日耗料 89g，平均蛋重 53.2g，每只鸡产蛋量 11kg，料蛋比 2.2：1。农大 3 号小型鸡还有温顺、不乱飞、不上树、不爱炸群、易于管理等特点。

二、林下养鸡场址的选择

林下养鸡虽然不能大规模建场，但雏鸡饲养舍或简易休息棚必不可少。建议雏鸡饲养舍或简易棚搭建在林中离公路 0.5km 以上地势高的地方，同时还要考虑水电的正常供应，以保证照明、保温、供水等的需要。

三、林下种草

林下可以采取套播苜蓿、三叶草、黑麦草等多年生牧草，提供大量新鲜牧草满足鸡采食需要、减少补料量，提高鸡肉风味。

四、日常管理

每天喂料、供水时注意观察鸡群的状况，羽毛是否完整和粪便的形状、颜色，夜间注意观察栖木是否能满足鸡栖息？是否有卧地的鸡？应及时将卧地的鸡抓到栖架上，以及鸡群的呼吸状况，如发现啄羽要查明原因，发现鸡粪或呼吸异常应及时采取措施。注意防治野禽和兽害。

五、出栏

放养鸡生长到120d后生长速度逐渐减慢，应尽早出栏，避免延长饲养期导致补料增加，效益下降。如果每年饲养多批，应实行全进全出饲养制度，即每批鸡同时饲养，同时出栏，不能出现多批共存的现象。出栏后将鸡舍和用具彻底清洗干净，喷雾消毒后空舍2周以上再进下一批。

参考文献

李吉进，张一帆，孙钦平. 2019. 农业资源再生利用与生态循环农业绿色发展［M］. 北京：化学工业出版社.

李向东. 2018. 农业科技助力生态循环农业［M］. 北京：现代出版社.

吕慧捷，王芹，周鸿淼. 2018. 生态循环农业理论与实践应用［M］. 长春：东北师范大学出版社.

张敬雯，胡洋. 2017. 中国农业循环经济发展政策研究［M］. 长春：吉林大学出版社.

赵艳，张云晖，蔡立鹏. 2018. 农业循环经济发展模式理论研究［M］. 长春：东北师范大学出版社.

参考文献

李君道，张一明，孙保平，2019．农业资源调查与利用与土壤环境农业绿色发展 [M]．北京：化学工业出版社．

李向东，2018．农业科技创新与生态循环农业 [M]．北京：现代出版社．

吕慧捷，王方，谢海森，2018．生态循环农业理论与实践应用 [M]．长春：东北师范大学出版社．

张晓爱，胡章，2017．中国农业循环经济发展速度研究 [M]．长春：吉林大学出版社．

陈柏，张云瑞，曹立瑞，2018．农业循环经济发展及管理与研究 [M]．长春：东北师范大学出版社．